中国林业碳汇产权研究

Forestry Carbon Property Right in China

陆　霁　编著

中国林业出版社

图书在版编目(CIP)数据

中国林业碳汇产权研究／陆霁编著. —北京：中国林业出版社，2016. 5
(碳汇中国系列丛书)
ISBN 978 - 7 - 5038 - 8514 - 3

Ⅰ. ①中… Ⅱ. ①陆… Ⅲ. ①森林 - 二氧化碳 - 资源管理 - 研究 - 中国　Ⅳ. ①S718. 5

中国版本图书馆 CIP 数据核字(2016)第 093833 号

中国林业出版社
责任编辑:李顺
出版咨询:(010)83143569

出版:中国林业出版社(100009 北京西城区德内大街刘海胡同 7 号)
网站:http://lycb. forestry. gov. cn
印刷:北京卡乐富印刷有限公司
发行:中国林业出版社
电话:(010)83143500
版次:2017 年 1 月第 1 版
印次:2017 年 1 月第 1 次
开本:787mm×960mm　1/16
印张:8. 5
字数:200 千字
定价:58. 00 元

总　序

　　进入 21 世纪，国际社会加快了应对气候变化的全球治理进程。气候变化不仅仅是全球环境问题，也是世界共同关注的社会问题，更是涉及各国发展的重大战略问题。面对全球绿色低碳经济转型的大趋势，各国政府和企业和全社会都在积极调整战略，以迎接低碳经济的机遇与挑战。我国是世界上最大的发展中国家，也是温室气体排放增速和排放量均居世界第一的国家。长期以来，面对气候变化的重大挑战，作为一个负责任的大国，我国政府积极采取多种措施，有效应对气候变化，在提高能效、降低能耗等方面都取得了明显成效。

　　森林在减缓气候变化中具有特殊功能。采取林业措施，利用绿色碳汇抵销碳排放，已成为应对气候变化国际治理政策的重要内容，受到世界各国的高度关注和普遍认同。自 1997 年《京都议定书》将森林间接减排明确为有效减排途径以来，气候大会通过的巴厘路线图、哥本哈根协议等成果文件，都突出强调了林业增汇减排的具体措施。特别是在去年底结束的联合国巴黎气候大会上，林业作为单独条款被写入《巴黎协定》，要求 2020 年后各国采取行动，保护和增加森林碳汇，充分彰显了林业在应对气候变化中的重要地位和作用。长期以来，我国政府坚持把发展林业作为应对气候变化的有效手段，通过大规模推进造林绿化、加强森林经营和保护等措施增加森林碳汇。据统计，近年来在全球森林资源锐减的情况下，我国森林面积持续增长，人工林保存面积达 10.4 亿亩，居全球首位，全国森林植被总碳储量达 84.27 亿吨。联合国粮农组织全球森林资源评估认为，中国多年开展的大规模植树造林和天然林资源保护，对扭转亚洲地区森林资源下降趋势起到了重要支持作用，为全球生态安全和应对气候变化做出了积极贡献。

　　国家林业局在加强森林经营和保护、大规模推进造林绿化的同时，从 2003 年开始，相继成立了碳汇办、能源办、气候办等林业应对气候变化管理机构，制定了林业应对气候变化行动计划，开展了碳汇造林试点，建立了全国碳汇计量监测体系，推动林业碳汇减排量进入碳市场交易。同时，广泛宣传普及林业应对气候变化和碳汇知识，促进企业捐资造林自愿减排。为进一步引导企业和个人等各类社会主体参与以积累碳汇、减少碳排放为主的植树造林公益活动。经国务院批准，2010年，由中国石油天燃气集团公司发起、国家林业局主管，在民政部登记注册成立了首家以增汇减排、应对气候变化为目的的全国性公募基金会——中国绿色碳汇基金会。自成立以来，碳汇基金会在推进植树造林、森林经营、减少毁林以及完善森林生态补偿机制等方面做了许多有益的探索。特别是在推动我国企业捐资造林、树立全民低碳意识方面创造性地开展了大量工作，收到了明显成效。2015年荣获民政部授予的"全国先进社会组织"称号。

增加森林碳汇，应对气候变化，既需要各级政府加大投入力度，也需要全社会的广泛参与。为进一步普及绿色低碳发展和林业应对气候变化的相关知识，近期，碳汇基金会组织编写完成了《碳汇中国》系列丛书，比较系统地介绍了全球应对气候变化治理的制度和政策背景，应对气候变化的国际行动和谈判进程，林业纳入国内外温室气体减排的相关规则和要求，林业碳汇管理的理论与实践等内容。这是一套关于林业碳汇理论、实践、技术、标准及其管理规则的丛书，对于开展碳汇研究、指导实践等具有较高的价值。这套丛书的出版，将会使广大读者特别是林业相关从业人员，加深对应对气候变化相关全球治理制度与政策、林业碳汇基本知识、国内外碳交易等情况的了解，切实增强加快造林绿化、增加森林碳汇的自觉性和紧迫性。同时，也有利于帮助广大公众进一步树立绿色生态理念和低碳生活理念，积极参加造林增汇活动，自觉消除碳足迹，共同保护人类共有的美好家园。

国家林业局局长

二〇一六年二月二日

前　言

产权制度和收益分配机制是产权主体顺利行使产权权能，获得收益的重要保证。本书将重点介绍林业碳汇产权制度和收益分配机制中的部分重要问题，如林业碳汇产权的界定、含义、权能特点、实现产权权益的途径等内容，为林业碳汇产权的研究提供一些思路和研究方向，供相关从业人员参考学习。

林业碳汇是林木生长过程中提供的一种生态服务，源自林木吸收 CO_2，释放 O_2 的生物学特性。在全球气候变化背景下，这一服务在应对气候变化中的作用得到国际规则的承认，并在交易规则的约定下可以实现其经济价值。我国处于经济发展新常态阶段，正在全面系统地进行生态文明建设，生态服务或生态产品如何实现其价值？产权问题是无法避免的关键问题。

林业碳汇提供的服务没有实物形态，需要有林木等物质载体的存在才能发挥其功能。因此，产权的明晰有特别的规定和要求。此外，林业碳汇的转让又会使林业碳汇产权与林木产权分离，这使林业碳汇产权的明晰更为重要。本书将对这些内容进行研究和分析。

产权权益的实现是林业碳汇产权研究中的另一问题。明晰林业碳汇的产权后，如何实现产权的权益成为调动产权主体积极性的关键。林业碳汇产权主体利益诉求的多样性，使产权的利用方式具有多种形式。现阶段公益性林业碳汇项目是我国林业碳汇项目的主要形式，明晰这类项目的林业碳汇产权，并在不违背公益目的的条件下实现其权益，可以吸引更多主体参与公益性的林业碳汇项目，有利于林业碳汇的有效利用。本书将对该种利用方式进行较详细的介绍。

作者在研究林业碳汇产权过程中，有幸受到本领域内专家的热心指导和帮助，特别是国家林业局李怒云司长，中国绿色碳汇基金会李金良总工、袁金鸿总监以及北京林业大学经济管理学院温亚利教授、张颖教授、刘俊昌教授、田治威教授，福建师范大学法学院林旭霞教授，国家林业局林产规划设计院陈叙图所长等各位老师和同行的指导和帮助，极大地丰富了作者的思路，并使本书得以完成。在此致以诚挚的谢意。

前言

　　本书依托国家林业公益性行业科研专项"国际林产品贸易中的碳转移计量与监测研究及中国林业碳汇产权研究"项目开展。在本书撰写过程中受到项目组人员的无私帮助，谨此一并致以谢意。在进行研究和撰写过程中，作者所参考或引用的众多国内外有关的研究文献和成果，已在本书进行了引证说明。在此，对这些专家学者表示衷心的感谢。本书可供林业碳汇或温室气体减排研究人员参考，也可使关注林业应对气候变化的专业人员和公众更多的了解林业碳汇。

　　由于作者水平有限，研究还不够深入，书中难免有不妥之处，恳请读者批评指正。

编著者
2015 年 8 月

目　录

第一章   绪   论

林业碳汇产权问题的提出与应对全球气候变化的背景密切相关。自工业革命以来，人类社会经济高速增长。经济增长在满足人们日益增长的物质文化需求的同时，带来了以 CO_2 为主的大量温室气体的排放。对能源和燃料使用情况的统计表明，自 1750 到 2011 年，化石燃料燃烧和水泥生产所排放的 CO_2 已达 3650 亿吨。从联合国政府间气候变化专门委员会（Intergovernmental Panel on Climate Change，下简称 IPCC）提供的报告中可知，从 2000 到 2009 年，化石燃料和水泥生产的平均排放量为 78 亿吨碳/年，年平均增长率为 3.2%。这一增长率比 20 世纪 90 年代的 1.0% 增加了 2.2 个百分点。据最新统计数据，2011 年，这一排放量达到了 95 亿吨。其中，毁林及破坏性开发导致的森林碳排放占总排放量的比率高达 17%。可见，森林是温室气体排放源中不可忽视的重要部分。

在这一背景下，保护并发挥森林的碳汇功能，利用林业碳汇更好地实现减少温室气体排放的目标，获取更多资金加快我国植树造林步伐，提高我国森林经营水平，是林业面临的一个新机遇和新挑战。明晰林业碳汇的产权，有利于把林业碳汇纳入到我国温室气体减排市场机制和体系中，可以促进以碳汇为代表的森林生态服务市场的发育，为更好地发挥森林多重效益提供条件。

第一节   林业碳汇与林业碳汇产权

本书主要从产权角度对林业碳汇进行研究。林业碳汇目前存在各种不同的定义，基于这些定义，作者为进行产权研究对这些定义进行了拓展，并以此为基础引出林业碳汇产权的定义，以便于读者了解本书后面章节所研究的基本范围。

一、林业碳汇概念的演进

"汇"是和"源"相对应的概念。源指的是：事物间传递物质或信息的属性以及具有这种属性的事物或过程。与之相对应，汇指的是：接受物质或信息流动的系统或接受流动的过程。在一个系统中，物质或信息的流动是动态过程。通常把产生这些流动的系统称为源，接受流动的系统称为汇。比如，在森林生态系统和大气循环系统间，如果森林中的物质流入到大气中，就将森林称为大气中这种物质的源。如果森林接受某种来自大气的物质流入，就把森林称为大气中这种物质的汇。当这种物质由 CO_2 充当时，森林就相应地成为碳源或碳汇。《联合国气候变化框架公约》（UNFCCC，下简称《公约》）中将温室气体汇确定为从大气中清除温室气体、气溶胶或温室气体前期物的过程、活动或机制等。基于这一原则，碳汇被定义为从大气中清除 CO_2 的过程、活动或机制。

从《公约》中对碳汇的定义可以看出，碳汇与其所依赖的系统有密切关系。海洋系统从大气中清除 CO_2 的过程、活动或机制等可以被称为海洋碳汇。以此类推，草地系统、湿地系统、耕地系统等也可以进行相应定义。与之相应，森林碳汇指的就是森林生态系统吸收大气中的 CO_2 并将其固定在植被和土壤中，从而降低大气中 CO_2 浓度的过程、活动或机制。由于森林在生长过程中吸收并储存大气中的 CO_2，森林的采伐和破坏又导致其储存的 CO_2 排放到大气中，因此，森林既是碳源也是碳汇。通过增加森林面积和可持续的经营管理，可以充分发挥森林的碳汇功能。李怒云将林业碳汇定义为：通常是指通过森林保护、湿地管理、荒漠化治理、造林和更新造林、森林经营管理、采伐林产品管理等林业经营管理活动，稳定和增加碳汇量的过程、活动或机制。可以看出，森林碳汇体现了森林的自然属性，而林业碳汇还包含了政策管理的内容，比森林碳汇内容更广泛。

从以上定义中还可以看出，林业碳汇除了体现森林生态系统吸碳固碳的生态服务功能外，还包含了林业行业碳汇管理的职能和作用。而当林业碳汇作为一种减排量产品进入碳交易，此时的林业碳汇就是指森林吸收 CO_2 这一过程、活动和机制所产生的减排量。这种减排量实质上是森林碳储量的变化量。这种产品如果经过合格的第三方机构核证，并由管理部门注册并签发后，就成为可以在相对应的碳市场上交易的、与其他减排项目产生的减排量相同的核证减排量。

这种生态服务产品的实质是：通过林业措施吸收和固定大气中的 CO_2 后，降低了温室气体的浓度，实际上提供了一个"温室气体容纳空间"。这一空间可以容纳新排放的温室气体。因此，这种可交易的产品用该空间可填

充的 CO_2 的容量作为计量单位，除 CO_2 之外的其他温室气体按其分子式折算为相应的 CO_2 当量。按照国际通行标准，温室气体进行交易时包括林业碳汇的单位以"吨二氧化碳当量（tCO_2e）"表示。如果与相应的减排机制和碳交易规则相结合，这一产品可以在不同产权主体间进行交易，并被用于抵减需要减少的排放量。

　　本书认为林业碳汇是林木的孳息，可以有条件的与林木相分离，具有特殊的使用方式及收益实现方式。我国《物权法》中多处提到孳息的概念，甚至把孳息分为天然孳息和法定孳息。但是，《物权法》中却没有对孳息、天然孳息、法定孳息进行明确定义。目前学术界比较权威的观点认为，孳息是原物所产生的额外收益。天然孳息是原物因自然属性而产生的收益，或者按照原物的用法而收获的物。法定孳息是原物因法律关系而产生的收益，相对于天然孳息而言属于一种间接孳息。

　　就其本质而言，孳息与原物之间存在派生或产生关系，这种关系或者是由于自然规律或者是由于法律规定而产生。孳息的范围可能包括两类客体，一类是在不消耗原物的前提下形成的派生物，比如树上结的果子，鸡生的蛋，羊产的毛，以及这些派生物可以带来的收益等；另一类是由于原物的使用，从而产生的普遍性的收益，比如房屋出租产生的房租，生产设备出租产生的租赁收入等。孳息和原物是可以分离的，但不一定必须分离，分离需要具备一定的条件，比如付出的成本应该小于可以带来的收益等。孳息在与原物未分离前，是原物的构成部分，不是独立的物，因此不能单独作为产权的客体。因此，在没有特殊约定的情况下，孳息在与原物分离前，其产权应属于原物的所有人。

　　综合以上内容，孳息具有三个特征：孳息是物、为原物所生、独立于原物。林业碳汇基本具备这三个特征。首先，林业碳汇是物。依据陈华彬（2010）的研究，只要能够为人力控制并具有价值，无体物也可以被认定为是法律关系中的物。因此，虽然林业碳汇是无体物，其代表的是不具有形体的可容纳温室气体的空间，但也可以认定其为法律关系客体中的物。此外，林业碳汇可以进行计量以明确可支配的范围；可以通过注册并公示以确保标的物交易后的安全；存在于人体之外并可以为人力所支配。这些特征均符合民法上对物的定义。其次，林业碳汇是依赖于林木等实际载体的生长而产生的物，为原物所生。第三，林业碳汇在经过计量和公示之后，产权主体所支配客体的范围得以确定；在完善的登记注册程序保障下，林业碳汇交易的安全也能够确保，具备了独立性条件。由于符合以上三个特征，林业碳汇应该被认为是林木等原物具有的孳息。

林业碳汇的形成不会消耗原物，它是植物生长过程中由于吸碳固碳自然形成的一种生态服务。从这一角度看，林业碳汇具有天然孳息的特点。但是，如果要实现林业碳汇和其载体——森林、草原、湿地等的分离，使其成为独立的物，必须通过人为的计量、监测、审查、核证、注册管理等人力行为的介入，必须人为开发并规定计量监测方法、制定林业碳汇的使用规定甚至交易规则等具有约束力的规章制度。就这一角度而言，林业碳汇虽然具有自然属性，但是受人为因素影响更大，更应划分为法定孳息。不过，林业碳汇是否与其对应的原物发生分离，要受到成本收益关系、主体间相关约定的较大影响。比如，一棵树的碳汇要实现分离，计量、监测及管理都要付出成本，在经济上受到成本大于收益的制约，没有分离的必要。

二、林业碳汇产权问题的提出

温室气体过度排放带来的温室效应，造成各种极端气候事件甚至灾难，严重影响了经济社会的可持续发展，为人类社会带来额外的经济成本。因此，自20世纪80年代以来，控制温室气体排放成为各国政府及研究者高度重视的问题。据全球地表温度数据显示，20世纪内，全球升温约0.5℃，12个最热的年份都出现在1980年以后。大量科学研究证实，大气中温室气体浓度的增加是造成目前全球气候异常现象频发的主要原因。世界银行前首席经济学家Stem在其报告中指出：如果气候变化的现状再不改观，在未来50年左右，全球平均温度将升高2～3℃。全球气候变暖将改变水循环规律，使粮食产量下降，导致海平面上升，以及生态系统更加脆弱。它所带来的经济影响将造成全球经济GDP下挫5%～10%，在普通商业模式下，气候变化总成本的增加量相当于每人的福利削减20%，几乎等同于大萧条时期的经济损失的总量(任小波等，2007)。

全球范围内的温室气体减排措施在这一背景下适时而生。1992年，189个国家签署了《公约》。《公约》的目标是"将大气中温室气体的浓度稳定在防止气候系统受到危险的人为干扰的水平上"。《公约》规定发达国家应在21世纪末将其温室气体排放恢复到1990年的水平。但是，《公约》并没有为发达国家规定量化减排指标。直到1997年12月1日，在日本京都通过的《京都议定书》(下简称《议定书》)中才对附件Ⅰ国家(包括主要工业化国家和经济转轨国家，统称发达国家）规定了有法律约束力的量化减限排指标。《议定书》于 2005 年 2 月 16 日生效，要求附件 I 国家在 2008 至 2012 年的第一个承诺期内将其温室气体排放量在 1990 年的基础上平均减少 5.2%。

实现温室气体减排目标的主要手段有以下两个：减少温室气体的排放（源）和增加温室气体的吸收（汇）。在《议定书》框架下，林业成为碳汇的重要内容之一。《议定书》的土地利用、土地利用变化和林业（LULUCF）条款中，认可了造林、森林管理、农业活动等获得的碳汇对减缓和适应气候变化的重要作用。《议定书》还规定了：在第一承诺期内，附件 I 国家除了在本国国内工业减排和通过本国造林、森林管理获得碳汇抵减碳排放外，还可以通过清洁发展机制（Clean Development Mechanism，下简称 CDM）项目从发展中国家购买造林、再造林项目的碳汇减排量，用于抵减本国的温室气体排放量。不过，为了推动实质性减排，《议定书》规定每年从 CDM 造林再造林项目中获得的减排抵消额不得超过基准年（1990 年）排放量的 1%。截止 2015 年 5 月，经 CDM 执行理事会（EB）注册的 CDM 造林、再造林项目全球有 55 个，每年为购买方提供约 200 万吨 CO_2e 的核证减排量[①]（Certified Emission Reduction，以下也称 CERs）。虽然 CDM 造林、再造林项目提供的减排量总体规模不大，但林业碳汇项目因为森林在减缓和适应气候变化方面的双重功能，以及所具有的经济、社会和生态效益日益受到国际社会的高度重视。各国的研究者都十分关注如何利用林业碳汇这一新的产品，以改变林区依靠直接消耗森林资源为代价实现经济发展的旧模式。

Saunders 等（2002）对林业碳汇交易与当地居民的关系进行过研究。研究指出，把林区纳入碳汇交易政策机制中，使当地居民以适当方式获得所形成的碳汇产权，有利于对森林生态价值的认可以及价值的更好实现，可以纠正以往政策带来的不公，改变林区单一的经济增长方式，促进林区进行长久的森林可持续性经营。在联合国关于气候问题的谈判中，各国一致赞同积极推行包括"减少发展中国家毁林及森林退化导致的排放、森林恢复、森林可持续经营和增加碳储量"（以下简称 REDD + ）行动在内的各种林业措施应对气候变化。

2001 年的《波恩政治协议》和《马拉喀什协定》同意将减少毁林、造林再

---

① 核证减排量：是清洁发展机制（CDM）中的特定术语。根据联合国执行理事会（EB）颁布的 CDM 术语表（第七版），指一单位符合清洁发展机制原则及要求，且经 EB 签发的 CDM 或 PoAs（规划类）项目的减排量，一单位 CER 等于一吨的二氧化碳当量，采用全球变暖潜力系数（GWP）进行计算。

造林活动引发的温室气体源排放和汇清除的净变化纳入附件 I 国家温室气体排放量的计算，并将造林再造林碳汇项目作为第一承诺期唯一合格的 CDM 林业项目。2005 年《议定书》的生效推动了京都规则林业碳汇项目的市场化进程。在这些协议的基础上，京都规则林业碳汇项目开始实施，并逐渐形成了林业碳汇的交易。随着各国区域性减排方案的推出，林业碳汇在非京都市场（自愿市场）上的交易也逐渐增加。

林业碳汇交易作为国际碳市场的一部分，同样在京都市场和非京都市场中扮演不同角色（见图 1.1）。目前，京都市场仅为林业碳汇的辅助市场，而非京都市场（也被称为自愿市场），已成为林业碳汇交易的主流市场。京都市场上的林业碳汇需求主要由 CDM 项目提供的林业碳汇减排量满足，买卖双方通过项目的实施实现林业碳汇产权的交易。非京都市场（自愿市场）是京都市场以外，自愿减排主体进行碳交易所形成的市场，由项目市场和准许市场组成。准许市场是由部分政府、企业或组织为达到一定减排目标，或者为树立良好社会形象，在一定区域范围内设立和启动的市场。非京都市场目前的代表主要有核证碳标准（VCS）项目市场、美国西部气候倡议排放交易体系、澳大利亚新南威尔士温室气体减排计划以及我国最近启动的碳交易试点市场等区域性的准许市场。

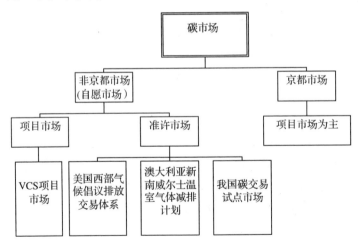

图 1.1 碳市场构成

京都规则林业碳汇交易虽然历经几年发展，但与其他减排项目发展速度相比较慢。目前，CDM 造林再造林项目在全部 CDM 项目类型中占比较小。

据 CDM 执行理事会（Executive Board，下简称 EB）统计，截止到 2014 年 4 月，全球在 EB 注册的 CDM 项目有 7844 个，大部分 CDM 项目集中于能源行业。造林再造林项目仅有 55 个，约占项目总数的 0.7%，项目开发力度明显落后于其他项目类型。EB 对项目实施所获得的 CERs 进行的统计表明，截至 2014 年 3 月 31 日，注册项目所签发的约 18 亿吨 CO_2e 核证减排量中，来自林业碳汇的核证减排量约为 433 万吨 CO_2e，仅占所有签发核证减排量的约 0.2%。

国内实施的京都规则林业碳汇项目发展也相当缓慢。如图 1.2 所示，截至本书完成时，中国在 EB 注册的 CDM 项目中，数量最多的是能源行业项目，共 3520 个项目。虽然全球首个 CDM 林业碳汇项目 2006 年就在我国成功实施，但到目前为止我国在 EB 注册的林业碳汇 CDM 项目只有 5 个，远低于能源、制造、废物处理和易散型排放等工业性减排项目。

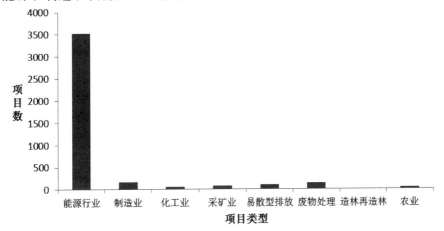

图 1.2　我国在 EB 注册 CDM 项目类型及数量

数据来源：UNFCCC CDM 项目数据库

以上情况表明，京都规则林业碳汇项目的发展情况不容乐观，项目后继乏力，实施项目的数量一直无法得到较大提高。

2012 年"森林趋势"对全球 162 个农业、林业和其他土地利用（下简称 AFOLU）项目进行统计。其中，对林业碳汇交易的统计结果在一定程度上反映了林业碳汇交易的发展情况。

表 1.1　2011 和 2012 年林业碳汇市场交易量、交易金额和平均价格比较

市场	成交量(百万吨 CO_2e)		成交金额(百万美元)		平均价格(美元)	
	2011 年	2012 年	2011 年	2012 年	2011 年	2012 年
自愿场外市场	16.7	22.3	172	148	10.3	7.6
加利福尼亚 WCI	1.6	1.5	13	12	8.1	8.2
澳大利亚 CFI		2.9		38		13.3
自愿市场小计	18.3	27	185	198	9.2	7.7
CDM 及 JI	5.9	0.5	23	0.6	3.9	1.1
新西兰 ETS		0.2		1.9		7.9
其他	1.5	0.6	29	15.6	19.7	25.3
京都规则市场小计	7.3	1	51.5	18.1	7.2	10.5
合计	25.6	28	237	216	9.2	7.8
一级市场	21	22	143	137	8.1	7.5
二级市场	4.9	6.3	54.7	57	12.1	9.8

数据来源：森林趋势报告. State of the Forest Carbon Market 2013.

2012 年，"森林趋势"统计的由 AFOLU 项目产生的碳信用指标在全球市场成交 2800 万吨 CO_2e，比 2011 年增加 9%。其中，95% 的交易量来自自愿市场，达到 2700 万吨 CO_2e。自愿市场继续保持林业碳汇交易主体市场的地位。美国加州和澳大利亚的买家购买更多碳信用指标，以应对各自国家的强制减排政策。同时，由于《议定书》第一承诺期截止，大部分买家在 2012 年初就已经准备了足够的碳信用指标，因此对 CDM 造林再造林项目产生的补偿量(临时核证减排额，tCERs)需求下降了 91%。但是，来自自愿市场的需求增加 7% 达到 1.98 亿美元。2012 年林业碳汇总交易量仅有 2.16 亿美元，比 2011 年的 2.37 亿美元下降了 8%。林业碳汇的平均价格从 2011 年的 9.2 美元/吨 CO_2e 降到 7.8 美元/吨 CO_2e。

在美国加州和澳大利亚的管理规定中，公共政策决定者们十分重视把林业碳汇纳入减排体系。一些发达国家对区域性 REDD 方案开始提供支持。此外，还有一些组织，如 Tropical Forest Alliance 和 Carbon disclosure Project 等，开始参与私营部门的土地利用项目。这些准许市场上的林业碳汇交易形成了对林业碳汇的第二大需求。

在自愿市场发展较快的背景下，公益性林业碳汇项目出现并也以较快速度发展。与其他形式的林业碳汇项目不同，公益性林业碳汇项目并不单纯以

获得可交易的林业碳汇产权为目的。无论中国绿色碳汇基金会、大自然保护协会还是世界银行管理下的森林碳伙伴基金(Forest Carbon Partnership Facility)，在开展公益性林业碳汇项目时关注的不仅是林业措施带来的碳汇，还注重项目实施带来的保护或改善当地的生态环境、为当地居民提供就业机会、增加收入等多重效益。社会公众对森林多重效益的了解越多，对林业碳汇项目的关注度也越高。这在很大程度上激励了更多主体参与公益性的林业碳汇项目，尤其是参加自愿减排的主体更青睐环境和经济综合效益显著的林业碳汇项目。由此，公益性林业碳汇项目近几年发展相当迅速。以中国绿色碳汇基金会为例，自成立以来就实施了100多个项目，营造碳汇林8万多公顷。

由上可知，尽管京都市场上林业碳汇的交易并没有如预计的那样如火如荼，但是由于自愿减排市场上林业碳汇成交量的稳步上升，林业碳汇产权的问题逐渐受到参与项目各方的重视。一种产品或服务要进行交易，需要明确其产权关系，主要包括明确产权主体对产权客体的占有、使用、收益和处分等各种权能的内容及归属。如果所有权归属不明确，或者财产权权能的实现存在困难，产品或服务就很难在不同主体之间通过交易顺利实现其经济价值。而且，林业碳汇与普通商品还存在很大不同。林业碳汇所提供的容纳温室气体的空间并没有实体的存在，不能为人们所直接感知。这使林业碳汇的产权问题具有其特殊性，成为林业碳汇项目实施过程中越来越受关注的问题。对这一问题进行深入研究，有利于推动项目的顺利开展。此外，由于林业碳汇交易的出现，还将为我国的林业发展提供新的思路和模式。本书将对林业碳汇产权界定的一些基本问题进行探讨，并对如何处理公益性林业碳汇项目中的林业碳汇产权提出建议。

三、林业碳汇产权的概念

作者认为林业碳汇产权应包括所有权人对所获得的林业碳汇依法或依规定享有的一切权利。它由占有、使用、收益和处分等权能组成，是产权主体围绕林业碳汇形成的经济权利关系。其直观形式是人对物的关系，实质上都是产权主体之间的关系。产权主体拥有林业碳汇的产权，意味着其获得相应温室气体排放空间相关的权利，因此，产权主体可以依据自己的效用需求对这部分排放空间进行排他性利用。林业碳汇在产权明晰的情况下，可以有条件的与所依托的物质载体——原物实现分离，用于专门的使用途径。但与一般林业产品不同的是，林业碳汇的价值要得以实现，要受到人为设立的碳排放总量控制政策和碳排放权交易机制规定的制约。此外，由于不具有实际的物质实体，林业碳汇要进行交易或在不同主体间转移，需要经过专业地生产、计量、监测、核证、签发及注册登记等完整的操作流程后才能成为具备合格条件的产权客体。

林业碳汇产权虽然与林权有关，但它具有自身的特点。它与林权既有联系又相互独立，在满足一定条件下可以分离。在应对气候变化背景下，林业碳汇在减缓和适应气候变化中均起到重要作用。目前，既可以通过造林再造林以及森林经营增加碳汇，也可以通过减少毁林和森林退化造成的碳排放获得碳汇减排量。在国内外应对气候变化的碳排放管理制度和政策中，林业碳汇所形成的 CERs 可以独立进入交易环节或者直接被用于抵减碳排放，其使用可以脱离林木这一物质载体单独进行，所以林业碳汇产品的产生虽然依赖于原物，但是其使用和交易却可以与原物脱离而单独存在。

在"林业碳汇概念的演进"部分，本书提出林业碳汇符合民法上物的概念，可以作为民事权利的客体。产权属于物权范畴，因此要成为产权的客体，林业碳汇还应符合物权对客体的要求。这一要求指的是，物权的客体除了具备物的特征外，还必须为现已存在的特定物。林业碳汇可以采取一定的方法学和技术手段加以计量确定，使其特定化。由此可知，林业碳汇符合现已存在特定物的特征。综上所述，林业碳汇可以成为物权的客体。

林业碳汇产权交易时涉及的对象实际上是温室气体排放空间。尽管交易中的林业碳汇与工业减排量一样，都是以二氧化碳当量（CO_2e）为交易单位，但从本质上看，林业碳汇产权交易的对象是一种排放权利。这种权利使购买方可以使用一定数量的温室气体排放空间。在全球气候变化背景下，温室气体排放空间所具有的稀缺性得到国内外规则承认。稀缺意味着可能产生需求，这构成林业碳汇经济价值得以实现的基础。林业碳汇的价值也就体现在通过人为活动介入林业生产，增加森林吸收大气中的 CO_2，相当于在大气中重新生成一定的容纳温室气体的空间。这部分新的温室气体排放空间容纳了新的碳排放，没有增加大气中温室气体浓度。从这一角度说，林业碳汇扩大了温室气体排放空间的容纳能力。因此，林业碳汇项目所形成的温室气体排放空间才是产权主体实际获得的资源，对林业碳汇产权界定也就是对温室气体排放空间的产权界定。随着温室气体排放空间的稀缺性日益明显，林业碳汇的稀缺性也得以体现，对其进行排他性使用是有效利用的关键。产权界定使产权主体有可能在受到足够激励时实现这种排他性使用。

产权界定时，林业碳汇的部分要素被置于公共领域中，甚至可能完全被置于公共领域中成为公共产品。这是由林业碳汇产品自身的公共产品属性和外部性特征决定的（见本书第三章分析）。产权界定时要包含这些处于公共领域中的要素需要付出相应成本。只有在利益攫取者花费的交易成本小于某种要素价值可能带来的收益的前提下，这些要素的价值才能得到体现，从而在产权界定时得以体现。因此，随着林业碳汇可获得收益的变动，林业碳汇构成要素的界定也是一个动态的、不断演化的过程。

第二节　林业碳汇产权与碳汇项目

一、林业碳汇的交易状况

林业碳汇交易属于碳市场交易的一部分，直接受到碳市场交易情况和交易规则的影响。因此，林业碳汇的交易和碳市场的发展和交易密不可分。

就国内情况看，2014 年 4 月 2 日湖北碳市场和 2014 年 6 月 19 日重庆碳市场正式启动，标志着中国七个碳排放权交易试点全面启动。在试点阶段，七个碳市场将在制度设计、市场运行和监管等方面进行探索和尝试，为"十三五"时期全国统一碳市场的建设提供经验和借鉴。

先期已经启动的深圳、上海、北京、天津和广东碳市场在 2014 年 6 月进入履约期。自 2014 年 5 月份开始，五个试点碳市场的交易行为开始活跃。首次履约结果比较理想，五个试点省市未履约的控排单位仅有 22 家，占控排单位总数的 1.4%。其中，上海是第一个完成履约的试点城市，履约率达到 100%。

总体碳市场活跃的同时，各地在试点过程中依据自己的地方特色和实际情况，对限排政策和交易规则进行了一些创新。广东省 2014 年 8 月对有偿配额发放的规则做出调整，2014 年的配额拍卖不再要求控排企业强制参与，允许投资机构参与竞拍，在拍卖底价大幅下调的情况下，进行阶梯底价的创新，使配额发放的市场更加灵活。深圳排放权交易所经国家外汇管理局及深圳外汇管理局同意，可以为境内外投资者办理跨境碳排放权交易的相关外汇业务。这使深圳碳交易市场成为向境外投资者开放的碳市场，境外投资者参与深圳碳排放权交易的途径得以打通。

2014 年 11 月第 21 届亚太经合组织会议(下简称 APEC)期间,中国和美国在北京发布《中美气候变化联合声明》。声明中提出中国计划在 2030 年左右达到 CO_2 的排放峰值,并计划到 2030 年非化石能源占一次能源消费比重将提高到 20% 左右。面对这一庄严的国际承诺,碳市场试点的启动为政府及相关机构利用碳排放权交易实现碳排放峰值目标提供了更完善的方案。

在碳交易市场上,交易的标的可以是未用完的排放配额,也可以是具有抵减排放量作用的核证减排量(CERs)。这些 CERs 产生于各种减排项目。减排项目按照管理机构认可方法学实施。林业碳汇项目产生的 CERs 经国家发改委批准后可以以中国核证减排量(Chinese Certified Emission Reduction 下简称 CCER)的形式在国内的碳市场进行交易。截至 2015 年 1 月底,国家发改委已签发了 26 个核证减排量项目的 CCER,共计 1372 万吨 CO_2e。CCER 项目的备案程序已经全部走通,CCER 可以进入各试点地区的碳市场。目前,国家发改委已经签发一个林业碳汇项目的 CCER。林业碳汇形成的核证减排量在国内交易取得新的进展。

从国际上看,2013 年全球利益相关者购买了林业及土地利用措施产生的 3270 万吨 CO_2e 碳汇,总价值将近 2 亿美元。这些购买量来自以市场为基础的各种机制所提供的资助,为 REDD(减少毁林和森林退化)、造林、改善森林经营或农业实践等活动进行支付。就目前在热带发展中国家较为广泛的 REDD 机制来看,随着各参与区域逐渐从 REDD 的"准备就绪"阶段推进到"绩效支付阶段",这些活动正在扩展到国家水平。此外,随着私人购买者注入上百万资金致力于停止毁坏热带雨林,2013 年 REDD 项目提供的碳汇占到森林碳汇贸易的 2/3。

林业碳汇项目还提供了很多碳汇以外的效益。比如,为项目区提供了9000 个工作机会;为濒危物种提供了 1300 万公顷的栖息地;在教育、医疗卫生及基础设施建设上投入了 4100 万美元等。项目实施的综合效益受到利益相关者的高度评价。历史上来看,截至 2013 年,碳汇市场(包括农业、林业及其他土地利用项目的碳汇)累积市场价值已超过 10 亿美元。不过,2013 年碳汇的平均价格从上一年的 7.8 美元/吨跌至 5.2 美元/吨,导致 2013 年的成交金额仅为 1.92 亿美元,比 2012 年减少 11%。

2013 年,自愿购买者购买的林业碳汇占总量的 89%。这些购买者主要是能源公共部门,以及追求履行企业社会责任、表明自己在气候变化领域处于行业领先地位的食品饮料企业。由于新的碳管理制度要求,美国加利福尼亚州和澳大利亚的强制购买者也购买了一部分林业碳汇。

全球范围看，2013 年对 REDD 项目的需求增加了近 3 倍，达到 2470 万吨 CO_2e，拉美地区的项目占到这一数量的 70%。造林再造林项目依然是最受欢迎的项目类型。不过对这类项目产生碳汇的需求受 CDM 项目碳汇量需求下滑而下降。REDD 项目减排量成交的近期案例有德国开发银行签订了 4000 万美元的协议，从巴西阿卡州 REDD 项目购买了 800 万吨减排量。核证碳标准（VCS）作为全球影响较大的机构，依据其方法学开发的项目成交了 1460 万吨 CO_2e 的碳汇，占所有成交量的 46%。从土地所有权角度看，不同所有权土地上开发的项目都取得一定进展。比如，2013 年在集体管理的土地上开发的项目有 37 个，所形成的碳汇量至少达到 380 万吨，新签的合同所带来的收入将超过 800 万美元。

国内可交易的林业碳汇项目目前发展缓慢。前面提到在 CDM 机制下开发的项目目前仅有 5 个，分别是广西珠江流域治理再造林项目、中国四川西北部退化土地造林再造林项目、广西西北退化土地再造林项目、中国内蒙古和林格尔生态退化地区造林项目和中国四川西南退化土地造林再造林项目。国内其他林业碳汇的交易目前基本上在公益性主体间进行，比如中国绿色碳汇基金会与华东林权交易所合作开展的自愿碳汇交易试点，向自愿减排者出售林业碳汇，向竹林经营者购买竹林项目产生的碳汇等。

此外，林业碳汇在碳交易试点管理制度的设计中已经被一些试点省市加以考虑。例如，北京市发改委与北京市园林绿化局于 2014 年 9 月共同颁布《北京市碳排放权抵销管理办法（试行）》。这使北京成为七个试点省市中首个颁布专门的抵销管理办法的试点。该办法将节能项目碳减排量、林业碳汇项目碳减排量作为抵减来源，对林业碳汇项目的开展起到了推动作用。

总体来看，由于清洁发展机制（CDM）市场需求的疲软，各国在减排问题上始终存在较大分歧，全球性的林业碳汇交易与其他减排项目产生的减排量一样，出现了萎缩的迹象。但是，气候变化带来的各种环境问题是全体人类共同承受的，每个人都应该对减缓及应对气候变化作出自己的贡献。在这一背景下，自愿市场上对林业碳汇的需求呈现稳步增长趋势，考虑到森林所能带来的经济效益、社会效益和生态效益，林业碳汇项目的实施受到越来越多人们的关注。

二、林业碳汇产权的主要问题

产权拥有者在产权没有得到清晰界定时，很难获得产权所能带来的权益。在科斯对产权的经典论述中，科斯通过具体的例子说明了这一问题。在亚特兰大机场的案例中，科斯就指出要解决机场运行带来的扰民问题，企业和居民究竟拥有哪些权利是首先要解决的问题。科斯还提出解决这一问题要从收益和成本两方面综合考虑。

林业碳汇是一种无形的生态服务。在界定时会遇到与有形财产不同的问题。首先是林业碳汇如何进行计量的问题。林业碳汇的计量需要各种手段的综合运用，既包括林学、森林经理学、统计学等学科知识，还要使用模拟预测技术、统计抽样方法、实验室实验等技术手段。通过这些知识和技术手段的使用，林业碳汇项目的基线情景和项目情景才能得到较为准确地确定。但是，这些手段是普通林业生产者较难全面掌握的，特别是个体的林木经营者更缺乏掌握这些技术手段的能力。林业碳汇的计量问题是产权界定的必要条件，这一问题将随着对树木异速增长方程及森林经营研究的不断深入逐渐得到解决，在本书中不对其进行重点描述。

第二是产权归属问题。林业碳汇作为森林等物质载体提供的生态服务，需要有相应的原物作为提供服务的物质基础。原物的经营者似乎应该成为林业碳汇的产权拥有者。但是，林业碳汇作为一种新出现的可实现经济价值的潜在生态服务，其归属在目前的法律体系中没有明确的规定。林业碳汇的产权究竟应该属于原物的经营者还是原物的提供者，还是应该作为一种公共产品由国家拥有，目前还没有权威的说法。科斯早在20世纪就已经发现，如果没有明确产权的归属，产权主体的权益就无法得到法律保护，权益的实现就不能得到保证，通过交易实现财产的经济价值就会由于存在较高的交易成本而难以实现。经过研究，作者认为将林业碳汇定性为林木的法定孳息可以较好地解决这个问题。

第三是产权权能实现的问题。即便产权的归属可以明晰，产权主体也不一定愿意把产权界定清楚。产权的界定需要付出一定的成本，比如产权主体要把林业碳汇项目形成的减排量计量清楚需要聘请专业的计量监测机构，如果要进入交易系统进行交易还要聘请专业的审定核证机构进行第三方审核。产权主体如果不能从产权交易中获得足够的回报，其对产权进行界定的积极性就会受到影响。产权的权能包括占有、使用、收益、处分四种基本权能及其他衍生的各种权能。这些权能能否顺利实现，实现后能否给产权主体带来经济上或需求上的满足，是调动产权主体参与林业碳汇项目并获取产权的重要影响因素。虽然目前在各种公益目的资金的支持下，林业碳汇项目正在稳步发展，但是为了林业碳汇事业的长远发展，还是需要考虑如何使产权主体通过拥有林业碳汇满足自己的效用需求。经过研究，作者将对林业碳汇产权的基本权能进行阐述，以分析如何更好地实现这些权能作用，推动林业碳汇事业的进展。

第三节 林业碳汇产权的现状

一、国外林业碳汇产权的现状

1. 澳大利亚立法确定林业碳汇产权

澳大利亚的国土面积为770万平方千米，森林面积149万平方千米，森林覆盖率19%，森林资源丰富。林业碳汇的利用将极大推进澳大利亚在强制减排上的进展。此外，为了应对气候变化带来的机遇与挑战，澳大利亚政府积极推进减少碳排放的行动方案。行动方案的实施也促使澳大利亚积极探索使用林业碳汇，通过碳市场交易促进减排的实现。为了更好地利用林业碳汇并推动其交易，澳大利亚政府对林业碳汇的产权进行了专门的规定。

在澳大利亚《产权转让法案1919》中对林业碳汇产权的定义是：与土地相关的碳汇权利。这是一项授予个人的权利，这种权利源自1990年后在土地上已经存在或将生长的树木形成的碳汇，它可以通过协议、法定、商业或现在和未来其他收益的形式得到确定。

林业行业与其他行业相比有独特之处，其自身生产过程就具有碳吸收大于碳排放的特点。为利用这一特点，澳大利亚政府鼓励林场主自愿加入"碳污染减少方案"。此外，碳交易市场分配效率的提高必须有安全清晰的产权和登记产权变动的机制为保证。这样才能使市场参与者确定他们能从自己的投资中获得收益。因此，在澳大利亚气候变化部所公布的《碳污染减少方案绿皮书》中，没有把产权不明晰的碳权纳入方案中。《绿皮书》规定只有具备私人产权特点的碳权才可以获取碳污染许可证。获取许可证之后，碳权就可以进入市场进行交易。

在政府规定的框架下，澳大利亚新南威尔士州实施了地区内的温室气体减排计划（下简称GGRS）。该计划的目的是减少与电力生产和使用相关的温室气体排放，同时鼓励林业机构利用碳汇参加补偿温室气体排放的行动。新南威尔士的碳汇产权是可以独立转让的。在2010年5月生效的《2003年第五号温室气体基准规则(碳汇)》中规定:土地上的碳汇产权可以独立于土地所有权或其他与土地有关的权利进行转让。这表明林业碳汇产权的持有人可以不是土地的所有者。新南威尔士的林业碳汇要进行交易需要将其转化为新南威尔士温室气体减排许可证(下简称NGACs)。只有在合格土地上注过册的碳汇才能转化为NGACs。在新南威尔士州,对NGACs的需求来自电力零售商、消费者等提供或消费电力的企业或个人。这些对象需要控制温室气体排放。因此,管理者针对他们设定了州温室气体基准或者个人温室气体基准,相当于分配了温室气体排放的配额。这些被称为"基准参与者"的对象所排放的温室气体如果超过设定的基准排放额,就可以通过购买NGACs抵减其超额排放量。

可见,澳大利亚通过立法明晰了碳汇产权的私权性质,为碳汇进入碳交易市场提供了条件。林业碳汇产权的明确界定使其交易得以顺利进行,进而使产权主体可以排他性地享有林业碳汇所带来的效用。

2. 新西兰把林业行业纳入排放交易体系

新西兰排放交易体系是一个强制加入、强制减排的双强制碳交易体系。排放交易体系初步计划将各经济部门都纳入其中。在新西兰各经济部门中,只有林业部门获得的免费碳排放配额能满足自身需求,其他部门或者需要降低现有温室气体排放水平,或者需要购买"可排放单位"补偿自己的超额排放。林业部门产生的碳汇可转换为"新西兰排放单位"(New Zealand Units,下简称NZU),被其他部门用于抵减碳排放。

为了减少政府制定的减排目标给经济发展带来的压力,努力以最低的成本实现减排,新西兰各部门进入排放交易体系的时间各有不同。2008年1月1日,减排成本最低的林业部门成为第一个进入排放交易体系的部门。这对经济基本没有带来很大冲击,还可以为其他部门的减排提供经验借鉴。为了减少碳汇计量、核查等交易成本对林业碳汇交易的限制,新西兰政府利用先进的遥感信息技术及电子网络技术,建立了庞大的基础信息库。交易的参与者可以通过网络在新西兰森林碳汇交易网站上输入所需数据,即可得出自己所拥有的林业碳汇及相应的收益数据,所获资料可作为交易时的依据。此外,新西兰农林部对面积超过100公顷的林地还采用实地人工采样的方法,对林业碳汇进行计量。通过高科技手段与传统计量方法的结合应用,登记在农林部注册系统中的林业碳汇不仅真实可靠,同时还大大降低了林业碳汇的交易成本。

参与排放交易体系的林农要获取碳汇的产权比较简单。在没有产权争议的土地上，林农只要确认自己拥有的土地满足造林条件就可以申请加入排放交易方案，对产权明晰的林业碳汇进行交易。具体来说，只要土地 1989 年前为无林地，或者 1989 年 12 月 31 日为森林，但 1990 年 1 月 1 日到 2007 年 12 月 31 日期间林木被毁（称为 1989 年后林地），土地的所有者就可以申请加入排放权交易方案。只要林地所有者实施再造林使碳汇增加，他们就可以获得 NZU。

对于拥有 1990 年前是森林并一直保持到 2007 年 12 月 31 日的林地所有者，他们是强制加入排放交易体系的对象。如果他们毁坏森林，必须依据新西兰排放交易体系规定上缴 NZU。这一上缴排放单位的行为称为"减少毁林义务"。具体的毁林行为包括改变土地用途或者在指定时间表内没有恢复所毁坏的森林。这一类林地所有者可以通过购买他人提供的 NZU 或者按每排放单位 25 新元的价格支付罚款，承担所规定的减少毁林义务。这些"减少毁林义务"的承担者还可以通过在其他林地上造林补偿自己毁坏的森林。但是在补偿的新林地上所获得的林业碳汇产权不能在新西兰排放交易体系中进行交易。

对新西兰排放交易体系中林业部门运作的研究表明，新西兰林业碳汇的产权与林地所有者所拥有的森林是可以分离的。林业碳汇产权一经认定就可在政府的项目注册平台上进行登记确权，每年进行简便的上报和检查。此外，所产生的每一 NZU 都对应实际存在的森林，意味着确实提供了吸收 CO_2 的生态服务。这是新西兰顺利达到《议定书》所规定排放目标的重要保证之一。

3. 加拿大公共部门通过林业碳汇产权的转移实现碳中和

与澳大利亚和新西兰的排放交易体系（计划）不同，加拿大林业碳汇在温室气体减排中的作用是通过政府在公共部门中实行碳中和政策得到体现的。加拿大英属哥伦比亚省（下简称 BC 省）政府为落实 2007 年开始的《温室气体减排目标法案》，于 2008 年开始实施《气候行动计划》。根据这一计划，全省到 2010 年要实现政府部门 100% 的碳中和，并在 2020 年达到 33% 的温室气体减排目标，实现 93% 的清洁电力生产。省政府对所有公共部门（包括政府部门和机构、中小学、大学、卫生主管部门和国营企业）设定了一定的碳排放量额度。上述公共部门被要求测定每年的温室气体排放量，向公众公布其减少温室气体排放量的计划以及行动，并通过对一些减排项目投资抵减剩余的碳排放量，以保证公务活动的碳中性。

为了推动这一计划的实施，BC省政府于2008年3月出资建立了太平洋碳信托基金（Pacific Carbon Trust，下简称PCT）从事碳权的交易。PCT的主要业务是提供基于省内碳权的交易平台，把所购买的碳权指标出售给公共部门，以帮助他们实现碳中和目标，促进本省公共部门的低碳发展。

PCT经营的碳权源自三类项目，即提高能源效率、使用可再生能源和林业碳汇项目。这些项目分布在以温哥华为中心的全省各地，其中林业碳汇项目占到60%。在PCT的《排放补偿量规定指南文件》中要求碳汇减排量的提供者必须拥有明晰的碳汇产权，如果是权属复杂的项目，就要由各相关方通过合同协议确定碳权。

PCT规定合法的产权可以用多种方式加以证明，最终项目开发者应能够独自应对其他各方提出的产权主张。如果碳汇减排量是项目开发者拥有的特定资产（包括林地）生产的产品，购买记录或者经审计的财务报告所列资产明细就可以证明产权的合法性；如果所使用的资产不归项目开发者所有，项目开发者就必须为产权不明晰的减排量提供一份足以证明其归属的合同；如果在合同中没有规定碳权的归属，项目开发者还必须和合作伙伴共同协商并明确碳权的归属。

通过建立公共性质的碳信托基金，利用产权明晰的林业碳汇及其他碳补偿项目产生的碳权，加拿大BC省在2010年成功使公共部门达到规定的减排目标，使该省成为北美各省（州）第一个实现碳中和的行政区域。

4. REDD + 项目中的林业碳汇产权研究

CDM林业碳汇项目面临很多严重的障碍，比如高交易成本、高风险和不确定性、投资期较长以及高培植成本等（Cacho et al.，2005；Haupt et al.，2007；Van Kooten et al.，2002）。此外还有潜在的人为因素和自然灾害带来的风险，源自模糊的产权，多变的政策以及未知的碳市场价格的不确定性。作为CDM机制之外的新型林业碳汇项目形式，《公约》框架下正在研究实施的REDD + 项目近年来发展较快。不过，这一项目在实施过程中也存在林业碳汇产权界定及配置的问题。

REDD + 是在《公约》框架下出现的一种新型方案。其最初目的是通过降低热带森林毁林和森林退化速度、增加森林面积以减少碳排放。在CDM项目举步维艰时，这一方案正在不断发展。很多参与REDD + 的国家都把提高森林经营水平作为在国家层面实施REDD + 项目的主要手段之一。由于全球温室气体排放有 1/5 来自毁林和森林退化，REDD + 因而成为非常重要且潜力巨大、具有成本效益优势的应对气候变化政策。REDD + 项目具有显著性、经济性、见效快和共赢性等特点。显著性是指控制毁林和森林退化的速度，可以明显降低温室气体的排放水平。经济性是指由于大部分毁林和导致森林退化的行为所带来的收益非常少，对这些行为加以控制对当地的经济发展带来的机会成本较小。见效快是指 REDD + 只需要改变对林地或林木的经营方式，改变传统的林业政策措施，而不必依赖技术创新就可以实现减排。共赢性是指通过巨额的转移支付以及更完善的森林综合治理，REDD + 项目的实施有利于改善发展中国家贫困人群的生活水平，并且还提供包括气候相关利益在内的其他环境效益。

在开展与林业碳汇有关的 REDD + 项目时，应对碳汇产权进行明确的法律定义，这样才能确保参与林业碳汇活动的个人或社区的碳汇产权得到切实保障和实现。此外，REDD + 项目的参与方还发现林业碳汇的产权与林地的所有权有密切联系，比如个人与社区、个人与集体以及私有与公有等不同的林地关系都会对林业碳汇的产权产生影响。在一定程度上，这使参与国家在考虑林业碳汇未来发展时面临更复杂的关系，需要顾及参与项目各主体的利益，使其愿意加入项目的实施过程。

Corbera 等(2011)认为决定 REDD + 项目成功的关键是土地使用权和碳汇产权的结合，只有这两种权利有保障，当地社区才有足够激励参与项目。在此基础上，Corbera 把碳汇产权的归属分为两种情况。一种是林业碳汇产权归属于拥有土地权利的当地社区；另一种是由政府拥有林业碳汇产权，在所形成的核证减排量出售后，再由政府按照一定的方法(比如生态服务付费的方式)将收益分配给符合条件的社区。墨西哥在参加 REDD + 项目过程中采用的方式是：考虑各林区实施项目的机会成本或林区生态环境的脆弱程度后，定出统一的费用标准，只要林区按项目要求完成了指定的经营活动，并得到检查确认，政府就可以按统一标准将费用分配到相应林区。

在发展中国家有 10 ~ 17 亿人口部分或全部依赖森林维持生计。大多数热带森林还是由本地居民支配使用。由于项目的实施成果是在国家层面上计算的减少排放量，一般认为所获得的碳信用应该签发给 REDD + 项目的东道国。但是，这将导致依靠森林为生的当地居民不能获得碳汇产权或其带来的收益，从而不愿参与项目。坦桑尼亚鲁菲吉三角洲林区在实施 REDD + 项目中出现的情况使人们担心，政府可能会由于林区居民的生活造成了森林损失而将他们移出林区。Marino 和 Ribot（2012）也发现 REDD + 项目的实施会给林区带来类似的不公。由于以上原因，REDD + 机制已经开始考虑在项目中起重要作用的林区居民应享有清晰的权利保证。Sikor 等（2010）认为这些权利应包括参与决策、获得公平的利益以及使林区居民的特别作用得到承认等。

基于早期实施项目的经验，有研究人员对实施项目的地区是否可能享有从 REDD + 项目中获利的权利以及公平分配的机会进行了分析。印度法律资源中心的 Crippa 和 Gordon（2012）对开展 REDD + 项目的不同国家及国际机构所承担的国际法律义务进行了研究。研究后发现，正如 Sikor 所述，项目实施地可以享有在本地区内进行 REDD + 项目时的决策权利和知情同意权。此外，项目实施地还有权利公平地分享源于上述权利的各种利益。这些利益可以来自任何一种气候基金或者项目所获碳信用的交易。不过该研究对公平的含义并未详细进行分析，仅指出需要透明全面地决定利益应如何分享。Palmer（2011）研究后发现，如果实施 REDD + 项目所形成的林业碳汇产权资源分配给项目实施地，而持久性责任则由国家承担，发生碳逆转的风险很大。Sango 等（2013）对 REDD + 项目在柬埔寨、菲律宾和巴布亚新几内亚的开展情况进行研究后指出：林业碳汇产权在项目实施地还存在其他产权争议（比如林地和林木）的情况下，存在很大不稳定性。

从以上介绍中可以看出，目前在林业碳汇项目实施过程中，对产权的定义及产权不清带来的问题已经有一些研究，但是由于林业碳汇仍属于一种人们了解不深的生态服务，对其产权的定义、界定、配置和价值实现还缺乏系统地研究。

二、国内林业碳汇产权的现状

作为发展中国家，中国目前没有承担国际规则要求的强制性温室气体减排义务，因此没有在国内全面实施强制性减排。林业碳汇在温室气体减排中的作用也还没有得到充分发挥。但是，中国作为经济高速发展的国家，温室气体排放的问题受到其他国家的广泛关注。为了对应对气候变化作出自己的贡献，中国政府采取了积极措施，一直在积极推进减排政策的制定和实施。从 2009 年胡锦涛主席在联合国气候变化峰会上提出"争取到 2020 年单位国内生产总值二氧化碳排放比 2005 年显著下降"，到 2014 年习近平主席在 APEC 会议上与美国总统奥巴马共同提出中美降低温室气体排放量的声明，中国在温室气体减排问题上始终表现出了负责任的大国形象。

在这一背景下，国内的温室气体减排项目日愈活跃，碳交易试点稳步推进。界定林业碳汇产权及产权的归属，是林业碳汇尽早进入我国碳交易市场的重要环节，也是排控企业利用林业碳汇减排量抵减碳排放量的关键因素。即便林业碳汇暂时没有进入交易环节，也需要明晰其产权的归属，使产权主体认识到自己拥有的权利，在条件具备时才可以加以利用。因此，国内的管理者和研究者对林业碳汇产权进行了一些超前的研究。

国内的研究者普遍认为对产权的界定是林业碳汇进入碳交易市场非常重要的条件。赵亚骏等（2011）提出林业碳汇的交易实践要求对碳汇的产权进行界定和明晰。胡品正等（2007）在研究中指出，森林碳汇服务稀缺性的增加要求产权的明晰，以避免处于公共领域内资源的过度利用；并根据科斯定理的原理提出，产权界定是森林碳汇服务通过市场机制进行配置的前提条件。该研究还认为产权界定后，森林碳汇具有私人物品属性，具备在市场交易的条件。

具体来说，国内对林业碳汇产权的研究以及产权运用的实践，可以归纳为以下几个方面：

1. 林权与碳汇产权的关系问题

林权和碳汇产权密切相关，赵亚骏等（2011）认为碳汇产权就是林权的一部分。林权包含碳汇产权，所以只要林权界定清晰，碳汇产权界定也没有问题。林德荣（2005）认为森林碳汇产权是林权的一种，也是依托于森林资源的生态产品之一，应该可以从林权中分离出来，但对如何进行产权的界定和分离没有作进一步讨论。

目前比较普遍的看法是，碳汇产权依附于林木，只要林木的产权清晰，林业碳汇的产权也就清晰，林业碳汇产权不能离开林木单独存在。谭静婧（2011）在其研究中认为森林碳汇不能脱离其物质载体发挥功能，故产权所有人只能在法律上或观念上占有森林碳汇，而不发生现实转移。这一观点忽视了林业碳汇产权在一定条件下可以和林木产权分离这一现象的存在，没有对林业碳汇和林业碳汇产权进行区别。此外，林业碳汇的买方不仅仅是为了占有林业碳汇的产权，其购买目的还可以包括从拥有的林业碳汇产权中获得收益。在相关规定出台后，产权主体还可以把合格的林业碳汇用于抵减自己的碳排放量，以完成减排目标，为自己通过技术革新或升级实现永久减排赢得宝贵的缓冲期。在使用之后，这部分林业碳汇就不能再加以使用，但其物质载体(如林木)在碳汇项目计入期内仍然存在，以保证所形成核证减排量的有效性。因而，林业碳汇具有自己独立的产权。不过，它必须有实际的原物存在才可能加以准确计量及产权界定，与林木等原物产生的其他林副产品不同，林业碳汇的产权与林权应是可分离的，但需要满足一些特殊的条件。

2. 开发方法学和相关标准，确定碳汇产权

作为一种看不见摸不着的生态产品，林业碳汇要进行交易，必须要有明晰的产权。要实现可交易林业碳汇产权的明晰，需要按照方法学的要求进行项目设计，实现项目产生的林业碳汇可监测、可报告、可核查。在项目设计文件通过审定机构审定后，项目实施方依据设计文件实施项目。项目实施达到设计文件规定的核证期时，由计量监测单位依据设计文件的监测要求对项目实施情况进行监测，对项目产生碳汇减排量进行计量，并完成监测报告的编写。监测报告在提交项目实施方前要经过核证机构核证，以保证项目产生的碳汇减排量真实可靠，并就核证过程中发现的问题提出疑问，要求计量监测单位澄清。核证工作完成后，核证机构根据核证结果完成核证报告，并将计量监测单位提供的最终版本监测报告一起提交给委托方。委托方凭核证报告等相关文件向减排量管理部门申请注册，从法律上确定碳汇减排量的存在。注册成功后的碳汇减排量应依据项目实施方与其他利益相关方(如林地提供者)最初签订的协议，明确碳汇减排量的归属。由此可以看出，林业碳汇要进行交易，按照方法学实施项目是基本前提。即便不交易的林业碳汇，要想清楚计量，也需要依据一定的方法学。因此，针对碳汇交易项目，国内外相关规则都要求编制方法学，即"确定项目基准线、论证额外性、计算减排量、制定监测计划等的方法指南"。按照确定的方法学实施项目，才可以满足可计量、可报告、可核查的"三可"要求。此外，由于林业碳汇是具有正外部性的公共产品，依据产权理论，需要通过人为规定的制度才能使其产权归属得以明晰，从而使产权主体有可能实现对这一产品的排他性拥有，享有产品可能带来的收益。因此，必须通过管理机构的登记注册，才能顺利完成碳汇减排量产权的界定。

在林业碳汇项目的方法学编制上，我国走在了世界前列。2005年，由中国林业科学研究院专家张小全领衔的专家团队成功编制完成全球首个由CDM执行理事会批准的CDM碳汇项目方法学——"退化土地再造林方法学"。近10年来，国家林业局组织专家在碳汇营造林方法学方面进行了大量地研究和探索，先后研制了《碳汇造林项目方法学》、《竹子造林碳汇项目方

法学》和《森林经营碳汇项目方法学》，以及《碳汇造林技术规定（试行）》、《碳汇造林检查验收办法》等与林业碳汇项目相关的方法学、标准和规定。目前，上述三个方法学已经通过国家发改委批准并正式发布，作为中国温室气体自愿减排项目方法学予以备案。这些方法学的研究和制定为林业碳汇产权的确定提供了保证，也为林业碳汇产生的减排量进入国家碳排放权交易试点奠定了基础。

3. 建立注册管理系统和碳汇产权转移标准及规定

由于林业碳汇是一种无体物，在按照规范的方法学和标准生产出来后需要进行注册，以确保林业碳汇可以进入市场交易，并保证碳汇交易的安全性和唯一性。国家林业局建立了林业碳汇注册管理平台。指定经营实体按照《中国林业碳汇审定核查指南》对林业碳汇项目审查合格后给予注册，有利于确保碳汇产品交易的唯一性和真实性。

无体物的交易需要严格的规则约束和标准规定。秦会艳和张强（2012）分析了碳汇服务交易平台建立过程中存在的瓶颈因素，认为建立碳汇交易平台的发展路径包括：积极培育碳交易市场主体、选择合适的市场交易模式、以及对交易产品进行多元化设计。这些路径的建立均需要完备的规则和标准加以保证。为了使林业碳汇产权的交易规范化，中国绿色碳汇基金会与华东林权交易所共同研究制定了碳汇进入市场交易的标准和规则，如《林业碳汇交易标准》、《林业碳汇交易规则》及《林业碳汇交易流程》等。这些规则的研究和制定为林业碳汇规范的市场运作建立了依据，使林业碳汇的交易有章可循。

4. 捐资造林后碳汇产权的归属问题

企业和个人进行捐资造林，也有可能获得碳汇产权。这些碳汇并不以交易为目的。在获得核证注册的碳汇产权之后，企业或个人可以直接将其用于碳中和或消除碳足迹，以实现自己低碳减排的目的。为了帮助社会公众达到这一目的，中国绿色碳汇基金会开展了一系列碳中和活动。如会议碳中和、零碳音乐季、公务交通出行碳中和林、个人捐资碳汇林等。各地政府为了推动这一公益行为的开展，也进行了创新的制度设计，比如北京市政府规定，公民可以通过捐资60元人民币"购买碳汇"，履行义务植树的社会责任。

从国内外研究和实践情况可以看出，目前林业碳汇产权的界定和配置在实践中进行了有益地探索。但是理论上对这些问题的研究还比较滞后，不能适应碳汇林业发展现实的要求，影响了林业碳汇减排作用的发挥。因此，有必要对林业碳汇产权问题进行深入研究。

第二章 林业碳汇产权研究的理论基础

第一节 产权理论

尽管目前人们对产权的重要性已经有越来越深地认识，我国目前还没有真正在法律层面引入产权这一用词概念。仅有类似的概念——物权。但作者认为物权不足以涵盖产权的全部内容。产权是经济所有制关系的法律表现形式。它包括财产的所有权、占有权、支配权、使用权、收益权和处置权等具体权能。在市场经济条件下，产权的属性主要表现在三个方面：产权具有经济实体性、产权具有可分离性、产权流动具有独立性。产权的功能包括：激励功能、约束功能、资源配置功能、协调功能等。产权制度以法权形式体现所有制关系，是用来巩固和规范商品经济中的财产关系，约束人的经济行为，维护商品经济秩序，保证商品经济顺利运行的法权工具。

古典经济学家对产权在经济发展进程中的重要地位早已有所认识。但是，产权经济学一直没有得到主流经济学的关注。这一状况一直持续到科斯对外部性问题进行研究后才有所改变。科斯指出：与传统福利经济学相比，交易成本的存在使资源配置过程中需要考虑的因素更为复杂。之后，经过诺斯，巴泽尔，阿尔钦，德姆塞茨等学者的努力，产权概念逐渐丰富，形成一个比较完整的产权理论体系。西方产权经济学以交易费用和产权的概念界定为基础，运用交易费用为基本分析工具，把交易费用、产权关系、市场运行和资源配置效率联系起来，对产权及其结构安排在资源配置及效率方面的影响进行研究。

一、产权经济理论起源

现代西方产权经济理论作为西方经济学的一个新分支，产生于20世纪30年代，其主要代表人为美国的罗纳德·科斯、哈罗德·德姆塞茨等人。现代西方产权经济理论的主要渊源有两个：古典经济学和制度经济学。

古典经济学认为市场交易中没有摩擦。科斯等人在建立自己的理论时，对这一假定进行了反思。在传统经济学"经济人"的假设条件及自由竞争理论下，科斯等人接受了传统经济学中的局部均衡理论和边际分析方法。制度经济学的代表康芒斯在其《制度经济学中》对交易还进行了一般化总结，为科斯等人进行交易费用的深入研究提供了坚实的基础。

科斯发表的《企业的性质》以及《社会成本问题》是现代西方产权经济理论从产生到逐步成熟的重要标志。在《社会成本问题》中，科斯首次明确地提出了交易费用的概念。随着对其研究的深入，交易费用概念逐渐成为现代西方产权理论中最为重要的概念，并被越来越多的经济理论纳入自己研究的领域之内。科斯所定义的交易费用是市场机制运行中产生的成本，它来自于交易的稀缺性，主要包括获得准确的市场信息以发现价值的成本，以及产生于交易过程中交易主体之间进行谈判和履行协议的成本。交易成本虽然是个比较难以明确的概念，但是在科斯定理的框架下，可以对很多经济现象进行有实际意义的解释。

科斯定理是产权经济学的基础理论。它形成于分析"外部性"问题的过程中，主要讨论的是关于交易费用、产权界定和资源配置效率三者之间的内在联系。实际上，科斯定理是后人在科斯论文的基础上加以总结后得出的定理，并非科斯本人提出。通常可以描述为科斯第一定理和科斯第二定理。科斯第一定理认为，在交易费用为零的情况下，产权的初始界定无关紧要，市场机制的作用将使资源得到优化配置。科斯第二定理在考虑正的交易费用存在的条件下，认为不同的权利初始界定可以带来不同效率的资源配置。

科斯定理对外部性问题的讨论来自于对环境问题的研究。这是因为产权理论是研究外部性问题的重要理论，而环境问题作为外部性效应明显的重大问题，可以在进行产权研究的过程中得到很好的解决思路。围绕环境资源建立起来的产权观念认为，如果可以使产权得到相对完善的界定，就可以使环境资源所有者通过自由市场机制的运作确保经济与环境的和谐发展。对此，徐嵩龄认为由于一般商品和环境资源之间存在根本区别，简单的自由市场未必可以实现对环境资源的有效管理。实际上，只要对产权进行合理的界定，并进行适当的产权安排，利用产权方法解决环境资源问题有很多的成功范例。解决问题的关键是如何解决公共性环境资源产权难以分割的问题。对此，单纯的产权理论已经明显无法满足要求，需要建立一种在政府管制下实现产权清晰的产权制度。生态服务作为一种没有实物形态的资源形式，其产权既具有政府公共产权的性质又具有市场私有产权的性质。因此，在一定条件下，生态服务的产权可以分割，成为政府管制下部分私有化的产权形式。生态服务产权的交易市场不应该采用自由市场的形式，必须在政府的管理下才能顺利运行。林业碳汇作为生态服务具体形式之一，在其产权界定及配置时，同样需要综合考虑政府管理和市场交易的综合作用。

二、产权的定义及功能

理论界对产权的定义目前还没有达成完全一致。不同的研究者对产权的定义都有不同的理解。费雪（1923）认为，产权是享有财富所带来的收益，同时承担与这一收益相关成本的自由或所获得的许可。他认为产权是抽象的社会关系而不是物品。当代学者菲鲁博腾（1972）发展了这一观点，他认为，"产权不是人与物之间的关系，而是指由于物的存在和使用而引起人们之间一些被认可的行为性关系。产权分配格局具体规定了人们那些与物相关的行为规范，每个人在与他人的相互交往中都必须遵守这些规范，或者必须承担不遵守这些规范的成本。这样，社会中通行的产权制度便可以被描述为界定个人在稀缺资源利用方面的地位和一组经济和社会关系"。这种关于产权的定义有两个特点：一是把人与人的关系视为产权的本质所在；二是把产权视为一种经济性质的权利，视为人们在使用资产过程中发生的经济、社会性质的关系。由于社会关系处于不断的运动过程中，如果把产权定义为一种社会关系，运动就应该成为产权内涵的本质特征。

《牛津法律大辞典》中把产权作为"所有权"加以定义。在该词典的解释中，产权"亦称财产所有权，是指存在于任何客体之中或之上的完全权利，它包括占有权、使用权、出借权、转让权、用尽权、消费权和其他与财产相关的权利"。与《牛津法律大词典》中对产权的定义类似，配杰威齐等（1972）把所有权解释为包括广泛的，源自财产而发生的，人们之间的社会关系的权利约束。其观点可以总结为：产权是人们之间的关系，由稀缺物品及其特定用途引起。产权是人与人之间相互关系中，所有人都必须遵守的与物相对应的行为准则，以及违反这些准则所受到的处罚。配杰威齐把所有权概括为四个方面的权利：第一，使用权。即使用属于自身资产的权利，以及在一定条件下使用他人资产的权利。第二，收益权。即从资产中获得收益的权利。第三，处置权。即变化资产形式和本质的权利。第四，交易权。即全部让渡或部分让渡资产的权利。配杰威齐所归纳的这四种权利实际上与罗马法中所说的产权是一致的，只是在表述上有所区别。

德姆塞茨(1967)则从产权的功能和作用出发对产权进行定义。德姆塞茨所认为的产权是"使自己或他人受益或受损的权利"。他认为产权作为社会的一种工具，其存在意义在于，当交易发生时，产权有助于交易各方形成合理的预期。德姆塞茨的这一定义一是通过产权的行为性来强调产权的功能特点，即强调产权是被允许通过采取什么行为获取利益的权力；二是强调产权的社会关系性质，认为产权是"社会的工具"。诺思也从与德姆塞茨基本一致的角度给产权下了定义："产权本质上是一种排他性权利"，既强调了产权是人与人之间的关系——产权主体排斥他人的关系，又强调了产权的功能化行为——排他性行为。

英国学者 Y·巴泽尔(1997)从法律角度理解产权的定义，认为它是"人们对不同财产的各种产权，包括财产的使用权、收益权和转让权等内容"。巴泽尔认为，人们对不同财产的各种产权并不是不变的常数，它们是财产所有人努力保护自己财产安全的函数，同时要受到别人企图获得该财产付出努力的影响。一般认为，产权在法律层面上具有两重含义，既指财产所有权，又指与财产所有权有关的财产权。财产所有权是指所有权人依法对自己的财产享有占有、使用、收益和处分的权力。与财产所有权有关的财产权是当所有权部分权能与所有人发生分离时产生的，是指非财产所有人对所有人的财产享有占有、使用以及在一定程度上依法享有收益或处分的权利。

阿尔钦在《新帕尔格雷夫经济学大辞典》中将产权定义为：一种通过社会强制而实现的、对某种经济物品的多种用途进行选择的权利。他明确指出：产权是授予特别个人某种权威的办法，利用这种权威，可以从不被禁止的使用方式中，选择任意一种对特定物品的使用方式。显然，这里不仅是把产权作为一种权利，而是更强调产权作为一种制度规则，是形成并确认人们对资产权利的方式。阿尔钦特别考察了这种产权产生的两条基本途径，即一方面产权是在国家强制实施下，保障人们对资产拥有权威的制度形式；另一方面，产权是通过市场竞争形成的人们对资产能够拥有权威的社会强制机制。由此来定义产权，可以将产权理解为由政府强制和市场强制所形成的两方面相互统一的权利。

平乔维奇(1999)对广义所有权进行了定义，认为产权具体包括：(1)使用资产的权利(使用权)。(2)获得资产收益的权利(用益权)。(3)改变资产形态和实质的权利(处分权)。(4)以双方一致同意的价格把所有或部分由前三项所规定的权利转让给他人的权利。平乔维奇(2004)在之后的研究中进一步指出，产权是人与人之间由于物品稀缺性的存在而引起的与物品使用相关的关系。

我国理论界对产权的论述已有不少，对国外产权经济学的介绍和传播也颇为广泛和迅速，但由于各自理解的不同，对产权的概念和理论也是"仁者见仁、智者见智"，难趋一致。段毅才（1992）通过对共同财产的重新理解对产权定义和产权界定问题进行了阐述，他认为产权是两种平等的所有权之间的权责利关系。张晖明（1994）对所有权和产权进行了区分，认为产权是在所有权（又称为原始产权）基础上派生出来的各种权能的统称，产权制度必将从自然人产权制度过渡到法人产权制度，从而使所有权的实现过程商品化。李孔岳和罗必良（2002）指出产权和所有权都代表对稀缺资源的排他权规定，但是产权代表的是可以行使的、物品具有价值属性的排他性权利；而所有权是法律层次上所界定的、物品有价值属性的排他性权利，要加上处于公共领域内的有价值属性才构成完整的产权内容。白暴力等（2005）指出在进行产权制度改革时，要注意所有权和产权的区分，通过产权对各种具体经济权利进行合理配置才是产权制度改革的目的。李亚玲（2008）在总结其他产权经济学家对产权所下定义的基础上把产权定义为财产权和行为权的统一体。她认为产权边界清楚要求产权具有排他性和可转让性，明晰产权既包括财产权的明晰也包括行为权的明晰。唐雯（2012）认为我国目前法律规定中的所有权不能包括产权的内容，应在法律层面引进产权概念。

综合各种产权的定义可以总结出产权概念的几个基本要点：（1）产权的重点是权利，是受到保护、制约和规范的，针对财产行使行为的权利。（2）产权问题要解决的是资源稀缺条件下，人与人之间的关系和行为规范。这些关系和行为规范可以通过正式的制度进行安排，也可以进行非正式安排，而且非正式安排的作用不可忽视。（3）产权是一束权利，由不同权能组成，基本的权能有占有、使用、收益和处分，这些权能可以分解和组合。（4）产权具有排他性、可交易性、可分离性和可转让性等特征，同时组成产权的各项权能可以根据效率要求自由分解和组合，形成促进资源优化配置的权能结构。产权的可转让性使资产能够被投入有效率的用途中，是资源达到优化配置的必要前提。（5）在实际经济运行中，产权有可能出现残缺的现象。如果这种残缺是由于产权所包含要素的不完全界定导致，并不一定会造成效率的损失，产权界定是随其价值变动不断进行的动态过程，产权所包括的要素会随其价值变化而调整。

作者认为产权可以抽象概括为资产所有权人对所拥有资产依法享有的一切权利，也可以称为财产所有权。产权反映的不仅仅是所有者和占有财产之间的人与物的关系，其本质上反映的是人与人的关系，反映了所有者在所有权基础上行使权利时与他人之间形成的关系。这些关系可以通过产权不同权能的调整得以体现，从而让财产尽可能地达到资源配置的帕累托效率。产权的不同权能使产权的资源配置功能得到充分地发挥，但是在定义中把这些权能一一列举不但容易发生遗漏，还容易将所有权与所有权的权能发生混淆。因此，本书采用产权的抽象概括对林业碳汇产权进行定义。

产权作用的发挥与产权的功能密不可分。产权的功能指产权对社会经济关系和经济运行的作用。这些功能是产权内在具有的，而不是人为设计的，它们和产权的属性相联系。只要有产权或实施了产权，产权就会产生相应的作用或具备相应的功能。黄少安在《产权经济学导论》中，将产权的基本功能总结为减少不确定性、外部性内部化、实现资源配置和激励功能等功能。

1. 减少不确定性

不确定性会给人们的选择或决策带来困难，增加人们经济交往过程中的交易成本。对产权进行选择会影响到交易成本在不同利益集团间的分摊，进而影响到成本和利益的分配问题。只有解决了成本与利益的分配问题，人与人之间的合作才有可能得以实现。比如，当林业碳汇的产权归属没有明确时，一个产权主体要利用其获取收益，就必须与所有可能的产权拥有者进行谈判。这种无法确定大小的谈判成本对产权的实现形成了巨大的障碍。如果林业碳汇的产权有了确定的归属，谈判对象的明确就可以使交易成本得以极大降低。同时，产权归属明确，人们对林业碳汇资源的控制也更加容易，这可以进一步降低交易成本。因而，产权的确定可以使人们在交易林业碳汇时形成合理的预期，降低由于产权模糊所带来的不确定性风险。

2. 外部性内部化

福利经济学中的外部性问题可以分为外部经济和外部不经济，由于外部性影响到资源配置，是福利经济学研究的重要问题。从产权经济学的角度看，外部性是在原有产权格局下，产权主体在原有产权范围内行使自己产权时产生的一个新权利。以外部经济为例，带来外部经济的产权主体一开始可能没有发现自己的行为使其他主体得到了无偿获得的收益。随着这部分无偿收益的重要性不断被产权主体所发现，产权主体会把这一外部效应作为一种权利提出来。这实际上也是一个产权划分或设置的问题。

外部性问题的产生是由于私人成本和社会成本或者私人收益和社会收益出现偏离。外部性会导致市场失灵现象，主要原因是没有对稀缺性资源进行产权界定。产权使每个行为主体对稀缺资源采取行为时必须遵守一定的规范。行为主体违反这些规范必须付出成本。因此，外部性问题的发生在本质上是产权界定和保护缺失带来的问题。科斯（1960）就曾经指出由于政府干预同样会产生成本，干预也不一定能能消除外部性问题的存在，因而没有理由认为市场和企业不能自己解决问题。只要对稀缺资源进行产权的界定，通过市场手段一样可以解决外部性问题。弗雷德（2006）认为，政府的干预会削弱财产所有权，使私人通过谈判解决社会成本问题更加困难。卢现祥（2002）对产权和外部性关系的分析结果表明，环境问题实际上是一个外部性问题。总之，产权界定作为解决外部性问题的有效手段，是利用市场手段解决环境问题的关键。

不过，产权也不是解决外部性问题的完美方法。德姆塞茨对科斯的社会成本解决途径进行了丰富。之后得出结论认为，由于资源的使用者不会考虑他们行为的全部社会成本，即使交易成本为零，外部性仍然会存在。此外，通过产权处理使成本内部化也会产生管理成本，失去专业化带来的效率。公共产品由于具有外部性特点是产权研究关注的对象。高雷等（2012）从公地悲剧的角度研究了草地退化现象与产权制度之间的关系。通过对300户牧民进行的实际调查，他们发现草地退化并不是公地悲剧造成的。由于草地具有的多重效应，仅通过产权私有化把牧民个人生产行为的外部性内化并不足以减少草地退化现象，相关管理部门应该承担起保护草地生态建设与保护的责任。林业碳汇项目也存在类似情况。森林的碳汇功能只是所能提供多重效益的一部分。即便碳市场上已经可以比较顺利地进行林业碳汇产权的交易，产权主体从碳汇中获得的收益也不足以补偿保护森林带来的各种生态效益。因此，碳汇产权的界定及利用只能解决一部分森林生态服务外部性问题，仍需要政府采取其他综合手段。

政府对民众征税也可以视为民众对政府转移部分产权的过程，公民把自己的部分产权转移给政府，原因就是为了让政府在规模效应的基础上低成本高质量地提供公共服务和产品。从这一视角出发，夏文武（2011）在对绍兴市基础设施建设市场化的研究中指出，通过市场提供公共产品，最重要的制度保障是产权制度。李岩（2012）使用产权理论对财政分权制度进行研究，认为通过财政分权可以使公民转移给政府的产权（包括所有权、使用权和用益权等)逐步明晰并有机协调。政府可以通过构建与这一产权配置方式相协调的制度安排,影响财政支出效率、优化公共产品的供给,实现其职能的帕累托改进。

综上所述,一旦针对外部性问题对稀缺资源设置了产权,就有可能实现外部性的内部化。产权的有效界定可以通过外部性内部化的过程,使社会成本转化为私人成本,社会收益转化成私人收益。但是,要更好地解决外部性问题,产权只是重要手段之一,政府采取其他综合配套手段也是解决外部性问题不可或缺的重要途径。

3. 实现资源配置

产权的资源配置功能是指产权安排或产权结构直接形成资源的配置状况、驱动资源配置状态改变或者影响对资源配置的调节。产权的资源配置功能主要表现在以下方面:首先,对于没有产权或者产权不明晰的状况而言,设置产权就是对资源的配置。设置产权不仅可以依靠产权的界定来配置资源,与没有产权情况相比,设置产权还可以减少资源浪费,减少外部性,提高经济效率。其次,任何一种稳定的产权格局或结构,都基本上形成一种资源配置的客观状态。资源产权在不同地区、部门和主体之间的分布,基本上代表了各种生产要素的分布。第三,产权的变化必然改变资源配置格局。这一改变包括改变资源在不同主体间的配置,改变资源的流向和流量以及改变资源的分布状况等。最后,产权状况影响甚至决定资源配置的调节机制。

资源优化配置是提高社会总体经济效率的重要条件,而资源的合理流动则是资源优化配置的必要条件。为提高资源的利用效率,资源需要从效率较低的地方向效率高的地方流动。产权的初始界定可能并不具备较高效率,这就意味着通过转让和交易,产权的使用效率就会提高。产权的存在和界定为资源的这种流动提供了前提。如果有效的产权制度得以建立,产权就可以从低效率者手中转移到高效率者手中,与之相对应的资源也完成相应转移,整个社会的效率也会得到提高。

4. 激励功能

产权主体拥有产权,不仅表示他有权利做什么,还界定了他可以获得的利益,或者有了获取相应利益的稳定依据或条件。这意味着如果经济活动的主体有了确定的产权,他的选择集合也得以确定,并且其行为也有了收益保证或稳定的收益预期,形成了利益刺激或激励。有效的激励可以充分调动主体的积极性,使主体行为的收益或收益预期与其努力程度一致。产权的激励功能可以保证这种一致的实现。

在分析经济活动时，强调产权的激励功能是基于经济人的人格假设，即假设追求自身利益仍然是人们从事经济活动的主要动力。但是产权的利益激励并不是人们从事经济活动的全部激励。由于人格结构的复杂性，人们从事经济活动除了追求自身利益外，还有利公、利他、满足兴趣爱好和成就感等动力。因此激励机制中如果只有利益激励并不完善，其他激励手段也是不可忽视的。

此外，产权还具有协调功能。财产关系的明晰及其制度化是一切社会得以正常运行的基础。现代化市场经济条件下，财产关系变得更加复杂和多样。这就要求社会对各种产权主体进行定位，以建立和规范财产主体行为的产权制度，从而协调人们的社会关系，保证社会秩序规范、有序的运行。

以上对产权定义和功能的分析表明，林业碳汇产权功能的发挥，使不同产权主体可以通过拥有产权满足自己的效用，可以对产权主体产生相应激励，从而在一定程度上解决林业碳汇存在的外部性问题。由此可知，减少阻碍林业碳汇产权功能发挥的因素，有利于林业碳汇的合理配置和使用。

三、产权的界定及资源配置

本书中所谈到的产权界定主要包括两层含义。一层含义是对林业碳汇产权从概念上加以界定，即产权的主体、客体及权能包含什么内容，具有什么属性和特征。另一层含义是对林业碳汇的构成要素在不同产权主体间的归属进行界定，即由于交易成本的存在，具有正外部性的林业碳汇在进行产权界定时，会有部分要素被置于公共领域内，此时的产权界定并非完全清晰。这部分要素的价值会随要素可带来效用的增加而逐渐被产权主体关注。不同产权主体获取这些产权要素所需的成本如果小于所获效用，将会受到激励对其进行更清晰的界定。

产权从法律研究领域进入经济学家研究的视野要归功于科斯著名的论文《社会成本问题》。从这篇论文中，产权经济学家不仅从中总结出著名的科斯第一和第二定理，对产权问题进行了经济学意义上的阐述，还针对传统福利经济学在研究现实问题中存在的缺陷提出了全新的研究构想。科斯（1960）认为考虑到交易成本的存在，通过法律调整并干涉资源的配置并非最优选择，产权的初次界定因而十分重要。在研究经济政策问题时，科斯认为应该从整个社会安排带来的总社会产品变动的角度进行机会成本和收益的比较研究，而非像传统福利经济学那样从私人产品和社会产品角度分别进行分析。科斯还提出各种生产要素实际上都可以通过产权的形式体现出来，产权的占有、使用和转移也就是社会资源进行配置的过程。

产权的界定和资源的稀缺性密不可分。当资源相对于人类需求来说是无限的时候，产权的界定就没有价值。马克思主义的产权理论与西方产权理论在产权的起源和产权的范畴上存在一定分歧，但是两者都一致认为资源的有限性和稀缺性是产权产生的前提，不存在稀缺性的资源就没有界定产权的必要。但是仅具有稀缺性还不足以使产权出现，界定产权所发生的交易成本是另一个重要影响因素。德姆塞茨（1967）认为当内在化的收益超过其成本时，产权就有可能被界定，从而实现外部性的内部化。随着现代科学技术的发展，以前计量成本很高的许多生态服务现在可以使用先进的科学技术和工具准确计量，而且成本极大下降。这意味着科学技术的进步在很大程度上降低了林业碳汇产权的界定成本。

巴泽尔（1997）认为，要获取资产各种有价值要素的信息要付出成本。因此，资产权利的转让、获取和保护都会产生交易费用。绝对产权是不存在的，任何一项权利都不能完全界定。没有界定的权利导致部分有价值的要素被置于公共领域内。随着信息获取能力的提高，这些公共领域中有价值的要素会被人们攫取，并通过交换实现其价值最大化。每一次这样的交换又会带来产权界定的改变。因此，决定产权是否可以界定，以及界定到什么程度，取决于该资产界定产权后对特定的所有人带来的净收益，也就是要考虑交易成本的因素。由于交易成本为正，资源产权的初始界定对市场交易具有重要作用。产权的初始界定具有明显的相对性和渐进性，是影响资源优化配置和产值的关键因素。但是，国家法律程序界定的产权权利结构与产权在现实经济中的结构会存在差异。法律概念上的产权强调的是权利的合法性，经济概念上的产权强调的是资源在经济运行中的价值。这种价值通过产权的所有者行使产权的不同权能以获得效用而得到体现。不过由于交易成本的存在，产权无论是从法律角度还是经济角度都很难得到充分界定。

政府在确定和保护私有产权中起重要作用，但个人在产权形成和保护的过程中比政府更具有比较优势，因而实际上承担了大部分活动。因此在产权形成的过程中必须对个人行为的影响进行考虑。个人通过自己的行为可以控制或影响对自己财产权利的界定。实施这种控制往往被个人作为其效用最大化过程的一部分。一旦个人发现产权现有的界定水平不能令其满意，他们就会对其进行调整直到满意为止。与持有其他财产相似，个人对于他们产权的持有也倾向于达到均衡状态，也就是说个人倾向于在任何时候都使自己的权利最大可能地得到精确的界定。在这一均衡状态达到后，个人没有偏离这一状态的意愿。正因为如此，产权的界定实际上是一个过程，它受到个人利益最大化的影响。理论上说，产权界定可以达到一个均衡状态，也就是当界定产权的边际收益等于边际成本时的状态。但是由于经济条件处于不断地变化过程中，这一均衡状态是动态而不是静态的。在德姆塞茨（1967）的研究中，他认为新的权利会随新的经济力量产生。这意味着产权从财产获益能力的角度来看更体现为一种经济价值而不是法律问题。当个人拥有商品的权利变得更有价值时，人们会对这些权利更彻底地进行界定。人们对产权的获取、保持或放弃是一个选择问题。在私有领域内个人可以直接进行选择，而在公共领域内则需要政府间接采取这种行为。如果人们发现选择这种行为的收益超过付出的成本，他们就会获取产权以达到最大化目的。反之，他们就会任由这部分产权被置于公共领域内，成为目前不需要的权利加以放弃。不过随着环境的变化，置于公共领域内的权利与原来已选择的权利可能发生转换。随着进入公共领域内商品权利价值的增加，人们将愿意花费更多资源对这些价值进行攫取，把它们变为私有财产。这种从公共领域到私人财产的转变既可能由个人实施，也可能通过政府管理加以实施。

巴泽尔（1997）从以下几个方面对产权界定进行了研究并总结出产权界定应注意的基本内容：（1）产权的所有者所受的利益激励才是产权是否存在的基础。虽然产权界定最终表现为法律层面的规定，但是法律对产权的规定和保护多是基于私人间订立的合同，合同就是不同所有者对产权激励作出反应而达成的协议。（2）产权界定可以有多种方式。产权界定的方式除了法律强制方式还应注意非正式制度的方式。（3）交易成本对产权界定的影响。产权界定中付出的交易成本随商品所包含要素的增加而增加，也就是说对于具有多种属性的商品而言，产权界定的清晰度越高交易成本也越高，被置于公共领域内的要素价值也可能越多。信息成本是造成这一情况的主要因素。（4）产权界定的最优配置原则是对资产平均收入有更大影响的一方所得到的剩余份额也应该越大。

在西方产权经济学研究的理论框架下，国内的研究者对我国经济运行中出现的各种产权界定问题进行了相关研究。汪普庆等（2006）在其研究中把食品安全监管的权力作为一种产权形式进行分析，认为我国目前的分段式多部门监管体制实际上是一个产权界定不清晰的问题。政府的监管信誉进入了所谓的公共区域，可以为各方所无偿攫取，导致了目前食品安全监管的困境。孙连杰(2006)对会计信息的产权问题进行研究，认为通过对会计信息的产权进行界定，可以降低交易费用并减少外部不经济带来的影响。朱涛等(2011)运用巴泽尔的产权理论对农地产权关系进行研究后发现，只有寻租成本最低的一方对公共领域进行完全垄断，才能实现净租值的最大化。张光先(2011)运用科斯定理的基本结果对我国社会保障管理体制进行了分析，认为我国社保管理体制的诸多弊端产生于产权界定不清导致的公共领域的存在，进而从减少公共领域的角度对改进社保管理体制提出参考建议。董媚(2012)认为环境问题是由公共产品的内部不经济外化造成的，必须由政府介入通过产权安排才能使外部成本内在化，促使排污者改变自己的生产经营方式。陈鹏飞(2013)从法经济学的角度对科斯定理框架下的产权界定问题进行研究后发现，产权界定并不是越清晰越好，只有界定产权的收益超过界定的成本时才应对产权进行界定。同时，他还指出对资产的有效使用而言，使用权的确定比产权的归属更重要。张颖(2013)在对我国海洋资源的产权界定问题进行研究后认为，通过对海洋资源进行产权界定可以增加海洋资源对权益主体的确定性，使外部不经济内在化，对产权主体产生激励和约束，发挥产权配置资源的功能，提高利用海洋资源的效率。朱珠(2013)研究后认为，公地悲剧的产生源自公共资源的产权界定不清晰，因此，对具有稀缺性的公共资源进行科学的产权界定，有利于对其进行合理利用和优化配置。陈利根等(2013)在巴泽尔和德姆塞茨对产权研究的基础上，对产权不完全界定的问题提出了全新的分析框架。该框架使用产权公共域的概念，对产权不完全界定的机理、原则和渐进性进行了阐述，并把产权公共域的概念细化为属性、技术性、法律性、国家性、个人性和限制性六类。丁志帆等(2013)借鉴了巴泽尔产权理论的分析方法对旅游业零负团费现象进行研究，认为旅游产品多属性并存的特点决定了其大量价值存在于公共领域，旅行社出于机会主义动机会对自己的一系列边际行为进行调整以攫取这部分价值，导致其可以不从团费中获取收入，只有明晰旅游产品及监管产权才能有效控制零负团费的行为。

以上各种研究表明，产权界定使不同产权主体对产权形成不同的占用情况。随着产权界定的完成，产权所代表的财产或资源也在不同主体间形成一定的配置结构。各个主体针对自己拥有的产权部分可以主张权利，以满足自己的效用需求，从而实现资源利用的最优化。

我国《民法通则》七十一条规定："财产所有权是指所有人依法对自己的财产享有占有、使用、收益和处分的权利。"在产权经济学中，占有、使用、收益和处分是产权最重要的四个权能。占有权指所有人对财产可以进行实际控制，使用权指所有人可以在不改变财产原有状态的前提下对财产进行利用。收益权指所有人可以收取财产原物所产生的新增利益。处分权指所有人可以依法对财产进行处置。产权的配置既包括对财产本身进行分配明确其归属，也包括对产权包括上述四项权能在内的各种权利在不同利益相关方之间进行安排和分配。目的是要达到财产或资源的最佳配置和使用效率。产权权能的配置相对来说更为复杂。这是因为产权的权能是可拓展的，随着社会分工的日益发展，对同一产权客体的利用范围会增大，产权由此可以衍生出更多权能。蔺丰奇(1994)在其对国有企业产权权能的研究中就提出经营管理权权能和分配权权能等概念。不过本书认为这些权能仅是基本权能的不同实现形式，因此仅对基本权能进行研究。

个人对信息的获取和处理是要付出成本的，同时还要受到自身处理能力的限制。这决定了个人是有限理性的。这一假定直接导致了交易费用的产生。科斯提出交易成本问题后，阿罗把交易成本定义为经济制度运行的费用。威廉姆森则在此基础上把交易成本进一步分为事前交易成本和事后交易成本。以张五常为代表的经济学家把交易成本概括为一切没有直接发生在物质生产过程中的成本。柯武刚认为交易成本是建立和维护产权的成本。林德荣(2005)在对林业碳汇的市场交易成本进行研究后指出，林业碳汇的交易成本与碳汇信用的生产管理密不可分，可以直接体现在供求双方成本函数中；林业碳汇的交易成本除了包括普通商品质量验证和价格博弈的费用外，还有基线确认、计量、核证等费用；由于许多交易成本属于不变成本，林业碳汇项目的大小和交易成本间没有明显联系。龚亚珍等(2006)在对交易成本对我国林业碳汇项目的影响进行分析后认为，交易成本有可能成为阻碍未来中国林业碳汇项目发展的重要因素。

本书中的交易成本主要指的是产权界定和配置过程中的成本，其中也包括林业碳汇交易过程中可能产生的成本。交易成本可以产生于不同背景下，在新制度经济学中把交易成本分为市场型交易成本(主要包括信息和谈判费用)、管理型交易成本(主要包括组织设计和组织运行费用)和政治型交易成本(主要包括建立、维持和改变政治组织以及政体运行的费用)。在考察产权的界定时，交易成本主要包括对资源或索取权的界定和度量以及使用和执行这些既定权利的费用。在考察产权的配置时，交易成本主要包括执行费用、协调费用和信息费用。其本质是由于专业化与劳动分工产生的费用。

产权配置效率要受到交易成本的影响。因此在产权配置时，应根据产权客体的特性，使其归属于行为能力相匹配的产权主体。这些产权主体在行使产权相应权能时可以使交易费用的影响降到最低，从而实现产权配置的帕累托优化。产权制度的改革也可以有效地降低交易成本，实现产权配置的改善。张俊鸿（1998）研究认为不同形式的产权制度可以带来制度效应节约交易费用。云淑萍（2007）也认为通过产权分配制度的改革，可以实现制度安排的公平与效率。

威廉姆森认为在产权资源配置中有三个关键要素通过交易成本影响配置效率：交易资产的专用性，交易的不确定性和交易发生的频率。资产专用性指用于特定用途投资的资源如果移作他用会带来很大的损失，资产的专用性越高，资产要实现转移就越难；交易的不确定性是指人们无法知道或依据一定的概率预测事件未来的状态，交易的不确定性越大，交易费用就越高；交易频率是指一定时间段内交易所发生的次数，交易频率越低，越不能获得规模经济性。产权资源配置的格局规定了人们与物相关的行为规范，人与人在相互交往中必须遵守这些规范并承担不遵守这些规范的成本。郑康杰（2011）对产权分配的显性成本法、机会成本法和效用法进行了比较研究，提出在选用这些福利衡量标准时要同时考虑这些方法在理论上的有效性和运用它们的成本高低。

以上分析表明，产权配置目前主要从交易成本或者交易费用角度来评价其效率。经过研究，作者认为仅从成本角度评价效率有一定缺陷，同时考虑产权客体所能带来的效用才能更全面地对产权配置的效率进行评价。

在科斯定理框架下，经济问题都可以从产权角度进行分析。张维迎等（1999）用产权扭曲度对国有企业的恶性竞争进行了解释。在讨论农村土地确权的问题时，李祖佩等（2013）发现在确定产权的实际过程中，由于原有秩序被打破，新秩序无法形成，基于经济学范式的产权政策往往会使相关利益方的利益受到侵害。因此，确定产权的问题不能简单依靠行政手段强行解决，要综合考虑社会的实际情况和相关利益方的需要。

经济学意义上的产权强调的是具有独立性和排他性的清晰产权。它可以使产权所有人充分利用市场机制达到对资源有效分配的目的。周雪光

(2005)从社会制度学角度提出关系产权概念对经济问题进行分析。为了反映产权交易的活跃程度，郭文博（2011）考虑到产权交易具有的标的非连续性和非标准化特性，以上海联合产权交易所的数据为基础，借用多种统计方法构造了产权交易综合指数，力图为投资者提供一个判断产权交易趋势的风向标。带有社会福利性质的共有性产权商品往往存在缺乏投入资金的情况，邓小鹏等（2012）通过对产权在份额上进行"量"的分割及对产权的占有、处分、使用和收益等各种权能进行"质"的分配，研究了通过产权分配的合理调整以调动各相关利益方参与共有产权商品建设的参与机制。

综上所述，产权经济理论可以用于各种经济现象的研究。通过考察产权在交易中的经济作用，将产权作为经济活动产生的前提，并且与帕累托效率、市场失灵、外在性和不确定性等现代微观经济学难题相联系，研究资源有效配置与产权问题之间的关系，可以从不同于传统经济学的全新角度研究资源配置问题。

第二节　法学基础

一、民法通则

民法（Civil law），是规定并调整平等主体的公民、法人和其他非法人组织之间的财产关系和人身关系的法律规范的总称。它包括形式上的民法（即民法典），也包括单行的民事法律和其他法律、法规中的民事法律规范。民法是国家法律体系中的一个独立法律部门，与人们的生活息息相关。具体来说，我国民法包括的具体法律规定有《合同法》《物权法》《公司法》《劳动法》《劳动合同法》《消费者权益保护法》等。

我国目前调整民事关系的法律规定散见于各种民事法律、行政法规和规章中。在这些法律规定中没有规范或规范不详细的情况就在《中华人民共和国民法通则》（以下简称《民法通则》）中进行原则性规范。《民法通则》相当于有民法典国家中的总则部分。《民法通则》制定于1986年，由第六届全国人民代表大会第四次会议修订通过，1987年1月1日起施行，共9章，156条。2009年8月27日，第十一届全国人民代表大会常务委员会第十次会议决定对《民法通则》中明显不适应社会主义市场经济和社会发展要求的规定做出修改。

我国《民法通则》对民事行为的主体进行了原则性的规定。比如第二章第一节第九条规定"公民从出生时起到死亡时止，具有民事权利能力，依法享有民事权利，承担民事义务。"第十条规定"公民的民事权利能力一律平等。"第四节第二十七条规定"农村集体经济组织的成员，在法律允许的范围内，按照承包合同规定从事商品经营的，为农村承包经营户。"第三章第一节第三十六条规定"法人是具有民事权利能力和民事行为能力，依法独立享有民事权利和承担民事义务的组织。法人的民事权利能力和民事行为能力，从法人成立时产生，到法人终止时消灭。"此外，《民法通则》中还对机关、事业单位和社会团体法人以及联营形成的法人进行了规定。这些民事行为的主体可以拥有相应的产权权利，成为受保护的产权主体。

我国目前还没有对产权的概念进行法律上的界定。因此，本书参考《民法通则》中的原则性规定来理解产权的概念。《民法通则》第五章第一节第七十一条规定"财产所有权是指所有人依法对自己的财产享有占有、使用、收益和处分的权利。"此处所指的财产所有权基本上与产权的狭义概念一致，包括了产权的主要权能。对公民财产的范围，在《民法通则》中也有规定，第七十五条规定"公民的个人财产，包括公民的合法收入、房屋、储蓄、生活用品、文物、图书资料、林木、牲畜和法律允许公民所有的生产资料以及其他合法财产。"由此可知，林业碳汇的产权要受到法律保护需要得到专门的法律规定加以确认。在目前没有专门法律的情况下，在现有法律中找到相关规定不失为一种有效的解决方法。目前，《民法通则》中仅对国家所有的自然资源的产权进行相关规定。第八十一条规定"国家所有的森林、山岭、草原、荒地、滩涂、水面等自然资源，可以依法由全民所有制单位使用，也可以依法确定由集体所有制单位使用，国家保护它的使用、收益的权利；使用单位有管理、保护、合理利用的义务。"生态服务正在成为一种日益受到重视的自然资源，《民法通则》中对自然资源产权的规定也需要进一步拓展。

二、物权法

《中华人民共和国物权法》（以下简称《物权法》）是为了维护国家基本经济制度，维护社会主义市场经济秩序，明确物的归属，发挥物的效用，保护权利人的物权，在宪法框架内指定的法规。《物权法》由第十届全国人民代表大会第五次会议于 2007 年 3 月 16 日通过，2007 年 10 月 1 日起施行。

我国《物权法》中的物包括不动产和动产，以及法律规定可以作为物权客体的各种权利。从这一规定可以看出,《物权法》对物的规定并没有把生态服务排除在外。没有实体存在的资源也可以包括在物的概念中。物权指的是权利人依法对特定的物享有直接支配和排他的权利,也可以理解为是自然人、法人直接支配不动产或者动产的权利,包括所有权和他物权(用益物权和担保物权)。林业碳汇产权主体获得的是一种排放温室气体的权利。依据物权法定原则,林业碳汇要成为物权的客体,需要有法律对这种权利进行规定。我国目前正在施行的《温室气体自愿减排交易管理暂行办法》和《温室气体自愿减排项目审定与核证指南》是确定这种权利,使林业碳汇成为交易客体的重要尝试。

《物权法》中对所有权的具体权能有所规定,所有权人对自己的不动产或动产,依法享有占有、使用、收益和处分的权利。所有权人可以在自己的不动产或动产上设立用益物权和担保物权。用益物权人和担保物权人行使权利时,不得损害所有权人的权益。从规定中可以看出,我国《物权法》中的所有权规定的实际上就是基于财产的人与人之间的关系。这和西方经济学和法律规定中所提出的产权概念本质上是类似的。受目前发展阶段的限制,林业碳汇的所有权人还无法在林业碳汇上设立其他权利,因此,产权所有人主要是依据产权的归属享有占有、使用、收益和处分的权利。这些权利目前在实现过程中还存在一些障碍,影响了人们对林业碳汇的利用和接受程度。因此应通过进一步完善管理制度,建立市场,培养市场主体,为林业碳汇产权具体权利或权能的实现创造条件。

《物权法》中对有实体形态的自然资源做出了所有权归属的规定。第五章第四十八条规定"森林、山岭、草原、荒地、滩涂等自然资源,属于国家所有,但法律规定属于集体所有的除外。"第六十条规定"对于集体所有的土地和森林、山岭、草原、荒地、滩涂等,属于村农民集体所有的,由村集体经济组织或者村民委员会代表集体行使所有权;分别属于村内两个以上农民集体所有的,由村内各该集体经济组织或者村民小组代表集体行使所有权;属于乡镇农民集体所有的,由乡镇集体经济组织代表集体行使所有权。"从规定中可以看出,我国自然资源的所有权在法律上有较为明确的划分。国有和集体所有是两种基本的持有类型。在基本自然资源基础上形成的新财产所涉及的产权问题,也应基于国有和集体所有这两种基本形式加以考虑。特别是如林业碳汇这类没有实物形态的生态服务,如何对其产权加以规定,使相应的权利与具体的财产存在保持一致是对这类资源产权问题解决的关键和难点。

综上所述，林业碳汇的产权问题可以依据我国《民法通则》和《物权法》的相关规定寻找解决思路。明确产权的主客体，分析产权具体权能的内容及实现条件是林业碳汇产权得以落实的重要前提。

第三节　资源环境经济学理论基础

资源环境经济学也被译为环境与自然资源经济学，所研究的主题始终围绕效率、最优和可持续性开展。效率的评价方法主要体现在所丧失的机会成本上。通常，消除经济上的无效率可以为某一群体带来纯收益。但即便资源的利用在技术上是有效率的，纯收益也可能为负，比如发电厂由于成本较低而使用污染大的燃料，就将导致整个社会纯收益的损失。因此与来自技术或生产的无效率相比，经济学更感兴趣的是配置上的无效率。环境经济学研究的实质之一就是经济活动中如何避免自然资源和环境利用配置上的无效率。

效率和最优是紧密相连的。一种资源配置如果没有效率就达不到最优。但是有效率的资源配置多种多样，即便资源的配置有效率也不一定能达到最优。所以效率是最优的必要条件但不是充分条件。在环境经济学中，对最优的理解要根据某个社会群体的一些综合目标来衡量对某些资源的利用决策，从社会的角度来看对资源的利用是否合乎需要。

最优要求考虑到子孙后代，但是对最优状态的追求不一定达到可持续性要求。可持续性发展要求既满足当代人的需要，又不对后代人满足其需要的能力构成危害。经济增长极限理论的提出使可持续性发展成为环境经济学研究的主题之一。库兹涅茨环境曲线表明，经济增长对环境会造成威胁。这一威胁当人均收入从低收入水平向高收入水平变化时会得到缓解。该假设认为随着经济发展从低水平向高水平的转变，环境退化的数量和程度有一个加速恶化到逐步减缓直至消失的过程。因此，保护环境的最好方法就是尽快使产业结构脱离资源依赖性产业，进入信息密集和服务型产业，再加上环境意识的增强和环境法规的执行，以及更好的技术和更多的环境投入。照此思路，我国作为发展中国家，现在更应关注经济发展的问题而不是环境退化和被破坏的问题。但是，随着当前产业结构下经济的快速发展，环境的承载力出现了即将过度消耗的迹象。值得注意的是，当前的环境现状很可能支撑不到库兹涅茨环境曲线的拐点出现的那一刻。因此，资源环境经济学从经济与环境的关系着手，为可持续性发展提供可以兼顾经济发展及环境保护的理论指导和研究方法。

　　资源与环境经济学的方法具有三个主要特征：（1）产权、效率和政府干预。市场对资源的配置功能要发挥作用需要有明确清晰并可以行使的产权。环境资源的产权或者无法界定，或者不能明晰，价格信号不能反映其真正的社会成本和收益。因此，仅靠市场手段对其进行配置是不够的，必须结合政府的干预才能减轻市场失灵的影响，提高环境资源的配置效率。（2）经济决策的时间尺度。环境资源是产生环境服务的长期财富，对它们的使用不能仅考虑到某一时点，还需要考虑长期使用模式。因此，在考虑效率和最优问题时要有短期和长期或者动态和静态两个尺度。（3）自然和环境资源的可耗竭性、可替代性和不可逆性也是资源与环境经济学研究时要考虑的重要特征。特别是在现有经济增长模式下，自然生态系统已经出现超负荷的现象，全球气候异常现象加剧、自然灾害频发更使环境经济学成为当前研究的热门学科之一。

第三章 林业碳汇产权与林权的关系

林业碳汇独特的自然属性和社会属性决定了它的产权具有一些与普通商品和服务不同的特点。本章将对这些特点进行进一步分析和介绍，以加深读者对林业碳汇产权的了解。此外，正如前文所述，林业碳汇产权和林权之间存在密切关系，对这种关系的深入分析也有利于更好地理解林业碳汇产权所面临的各种问题。

第一节 林业碳汇产权的属性

一、林业碳汇的基本属性

基于前文对林业碳汇含义的认识，林业碳汇作为一种生态服务，具有以下几种重要的经济学属性：稀缺性、公共产品属性和外部性。

（一）稀缺性

稀缺性是林业碳汇产权出现的原始动因。可用资源的稀缺性是经济学研究的前提，因为没有稀缺性的资源可以被无限使用，从而缺乏对其进行研究的必要性。经济学研究的主要目的就是为了解决稀缺资源合理有效的配置和利用的问题。也正是由于经济生活中无处不在的稀缺性限制，对资源的权衡及取舍才具有研究的意义。无论是对消费者、劳动者、企业还是国家而言，可以使用的资源都是有限的。如何做出权衡以进行最优选择是经济学和其他科学所关心的重要问题。

根据西方古典经济学中对稀缺性给经济发展带来的影响所做的研究，环境容量资源对社会经济增长构成的约束被分为两种基本情况：绝对稀缺和相对稀缺。绝对稀缺观点认为环境容量资源存在绝对约束，只有到达极限点后，稀缺性才会体现，但是到达极限点后很难通过调整或资源替代来解决极限问题；相对稀缺观点认为环境容量资源只会带来相对约束，随着环境容量资源的消耗，稀缺性不断上升，可以通过调整或资源替代进行应对。

林业碳汇所提供的温室气体排放空间更多体现为相对稀缺的约束。随着人类经济以当前发展模式高速增长，温室气体排放量的增加导致可容纳这些排放气体的空间的稀缺性一直处于不断上升过程中。由此带来的极端天气及其他自然灾害导致了巨额财产损失，极大地影响了正常生产的成本构成，提高了生产的边际成本。这种成本的提高需要并且可以通过价格变化、税费调整或者碳排放量的控制等形式体现出来。成本的体现为尽早采取调整措施改变利用方式提供了一定的动力。从另一方面来看，人类社会经济发展需要一定的温室气体排放空间，这一空间并不像人们之前所认为的那样可以无限再生。相对于人们日益增加的排放需求而言，这一资源是有限的，而且有限的程度日渐加剧。当这一空间到达极限后不可能找到可以替代的资源。这一点与绝对稀缺观点相符。结合以上特点，温室气体排放空间的稀缺性在到达其极限值之前会随着温室气体浓度的提高而不断增加，而且极可能存在空间过度使用带来的不可逆的环境灾难。因此在到达极限值前，其稀缺性就应该以价格等各种方式得以体现，及早进行使用方式的调整。

林业碳汇对整个社会的不同个体和经济生产体系提供的是一种无形的重要服务。工业生产和人们日常生活过程中排放出大量的温室气体，与大气进行着大量物质能量的直接物理性交换。这些物质能量的交换无形中影响到整个社会和微观个体的福利效益。影响的直接表现就是近几年全球变暖带来了日益频繁的异常气候变化。这些异常气候带来的巨大损失使人们日益深刻地认识到，温室气体的排放空间也是环境的承载力的组成部分，是我们制定经济发展战略时必须考虑的问题。与工业行业投入大量资金研发先进的科学技术实现减排不同，森林吸碳固碳功能的发挥所提供的林业碳汇，在现有经济技术条件下就可以降低温室气体浓度，可以以较低的成本为经济发展模式的转换赢得宝贵的缓冲时间。

不仅林业碳汇所代表的温室气体排放空间是一种稀缺资源，林业碳汇本身也具有稀缺性特点。林业碳汇的形成依托于生长中的林木，林木的规模取决于可用林地的大小。而且，树木的生长也有一定的局限。因此林业碳汇的供给也存在极限值，这也使林业碳汇相对于人们的排放需求而言成为一种稀缺性资源。

综上所述，林业碳汇的稀缺问题从根本上说是源自社会经济以前所未有的速度高速发展。在这一发展过程中，大量排放的温室气体带来的温室效应使碳排放空间的稀缺性日益明显。林业碳汇减排量作为可以吸收 CO_2，重新生成排放空间的一种生态产品，也成为一种稀缺资源。这种资源稀缺性的存在，使人们可能把林业碳汇作为一种资源来进行成本收益的核算，并建立排他性产权，进而对其进行更好地利用。

(二)公共产品属性

公共产品的存在是造成市场失灵的主要原因之一。当市场不能供给许多消费者认为是有价值的商品时，这种商品就具有了公共产品的属性。根据经济学中所下定义，公共产品是同时具有非竞争性和非排他性的商品。对这类商品而言，非竞争性是指在给定的生产水平下，向一个额外的消费者提供商品的边际成本为零，因此，一个消费者对该种商品的消费不会影响其他消费者；非排他性指一旦提供资源，即使那些没有付出成本的人也无法被排除在享受该资源所带来的利益之外。公共产品的本质是社会共同需要的体现。这种需要因时期、经济发展阶段、持不同价值观和道德观的人群、不同的国家和地区而存在区别。但是，公共产品的非竞争性和非排他性不是绝对的，通过相应的制度设计可以改变这两种属性特点，使公共产品成为准公共产品或者非公共产品。

1. 林业碳汇具有非竞争性特点

对温室气体排放量进行总量控制前，林业碳汇具有非竞争性。林业碳汇提供的生态服务使人们可以使用一定的温室气体排放空间。这是一种自然存在的环境容量资源，其产生不需要支付成本。在温室气体浓度达到一定水平之前，每个人都可以无限制地排放温室气体，而不会影响他人对排放空间的使用。但是温室效应带来的危害使排放空间的稀缺性不断上升。人们开始认识到排放空间的容量相对于迅速增长的排放需求是有限的。借鉴对其他环境资源利用的经验，人们对温室气体排放空间开始进行总量控制，计算出人类所能排放的温室气体上限，以便有效管理这一环境资源，避免出现公共产品容易出现的公地悲剧[②]。在总量控制的政策下，某一主体对排放空间的利用直接导致其他主体可使用空间的下降。不同主体在排放时将基于自己的利益最大化要求，为获得更多的排放空间展开竞争。总量控制的管理措施因此在一定程度上降低温室气体排放空间的非竞争性。

2. 林业碳汇具有非排他性特点

林业碳汇减排量腾出的温室气体排放空间，在没有明确使用规则前是非

---

② 公地悲剧：经济学中常用概念。指公共所有的一项资源或财产，由于有许多拥有者，每个拥有者都有使用权，但没有权利阻止其他人使用，每一个人都想最大可能地使用该资源或财产，造成资源的枯竭。过度砍伐的森林，污染严重的河流与空气，都是公地悲剧的典型例子。

排他性的。温室气体排放空间的使用与普通商品相比有其特殊性。一般情况下，不禁止或限制排放者向大气中排放温室气体，更没有向使用这一空间的人们收费。因此，排放空间可以不用付费而被享用，无论是生产者还是消费者都可以无限制的使用这一资源。当人为规定温室气体排放空间的使用规则后，其非排他性特点发生变化。例如，配额管理机制的设立使不同排放者获得了可以排他性使用的排放空间。排放者所获得的自有配额如果不够，或者接受处罚继续排放，或者在碳交易市场上向其他排放者购买未用完配额，还可以依据相关规定购买核证减排量以抵减部分排放。由此，配额管理机制及碳交易制度的设计使温室气体排放空间的使用不再具有非排他性特征。

综上所述，林业碳汇在人为管理机制推出前具有明显的纯公共产品属性。纯公共品的非竞争性，使提供者无法依据边际成本定价原则获得所期望的利润，非排他性导致无法排除免费搭车现象的出现。但是，市场机制要求通过交易来实现资源配置，需要不同利益边界的精确确定。因此，纯公共产品一般而言不适宜由竞争性的市场来提供，由政府供给较有效率。个人提供纯公共物品一般是通过自愿行为或参与慈善事业来实现。林业碳汇减排量要通过市场机制进行配置，政府的规制手段不可或缺。总量控制、配额管理及碳排放权交易等制度的实施可以改变林业碳汇的公共产品属性。在这些制度的规定下，私人通过市场机制提供产权明晰的林业碳汇才具有可行性。

(三)外部性

外部性(Externality)源自英国"剑桥学派"创始人、新古典经济学派的代表马歇尔提出的"外部经济概念"。英国福利经济学家庇古首次用现代经济学的方法从福利经济学角度对其进行了系统研究。之后，美国新制度经济学家科斯用产权理论对外部性问题进行了丰富和完善，在此基础上，形成了著名的科斯定理，为界定政府对外部性进行管制的边界提供了重要的理论依据。

外部性指在生产和消费过程中，某一生产者或消费者的行为影响到其他生产者或消费者，使其承担额外的成本或取得额外的收益，但这一行为却没有以货币形式直接从市场价格中得到补偿。它和公共产品属性同样是导致市场失灵的重要原因之一。当一种商品具有外部性属性时，它的价格就不一定能反映其社会价值。于是，厂商无法按照市场效率原则来组织对该种商品的生产，消费者的需求也不符合价格机制的原理。德姆塞茨认为，外部性问题的发生，是由于私人成本或收益不等于使用自己的资源所带来的社会成本或收益造成的。

外部性的存在可以用福利函数形式表示为：

$$F_j = F_j(X_{1j}, X_{2j}, \cdots, X_{nj}, X_{mk}) j \neq k$$

这里，j 和 k 指不同个人或厂商，F_j 表示 j 的福利函数，X_i（$i = 1$，2，$\cdots$，n，m）指 j 和 k 进行的经济活动。以上函数表明，只要某个经济主体 j 的福利受到自己控制的经济活动 X_i 影响外，还受到另一主体 k 所控制的经济活动 X_m 的影响，外部性就会存在。以上定义的差别仅在于对外部性问题考察的角度不同，其本质是一致的。目前大多数经济学文献使用的是萨缪尔森和诺德豪斯(1999)的定义：外部性指那些生产或消费对其他团体强征了不可补偿的成本或给予了无需补偿的收益的情形。

外部性可以根据不同的表现形式进行分类。最常见的分类是依据外部性带来的影响把外部性分为正外部性(也称外部经济或正外部经济效应)和负外部性(也称外部不经济或负外部经济效应)。正外部性指一些人的生产和消费使他人受益，但又无法向后者收取费用的现象。负外部性指一些人的生产或消费使他人受损而前者无需补偿后者的现象。除此之外，外部性根据其产生于生产领域还是消费领域可被分为生产的外部性和消费的外部性；根据外部性产生的时间和空间特点可被分为"代内外部性"和"代际外部性"；根据外部性是否可以为人们所控制而被分为稳定的外部性和不稳定的外部性；根据外部性产生的根源分为制度外部性和科技外部性，以及其他多种分法。本书中所研究的林业碳汇具有较为明显的正外部性特点。

在林业碳汇项目实施过程中，外部性是影响产权界定的重要因素之一。从森林的碳汇功能角度看，林业碳汇的生产随林业项目的实施完成。林业碳汇的外部性也在这一过程中得到体现。具体表现为，在项目实施过程中，林木通过光合作用吸收 CO_2，降低了空气中的温室气体浓度，腾出了相应的温室气体排放空间。任何一个排放温室气体的企业或个人都可以从项目的这一功能中受益。社会边际收益(MSB)由于边际外部收益(MEB)的存在，大于林业碳汇供给者的边际私人收益。这一功能所提供的空间缺少对其产权归属的界定以及使用的限制，温室气体排放者得以不用为这一受益做出支付，外部性现象发生。有效产出水平 $q *$ 位于社会边际收益(MSB)和边际成本(MC)曲线的交点。但是由于林业碳汇的提供者没有得到所提供生态产品的所有收益，无效率出现。供应者只愿意提供数量 q 的林业碳汇，无法达到社会的最优(见图 3.1)。

同时，在林业碳汇项目实施过程中新建、恢复以及由于提高经营水平而提高质量的森林还可以带来多种社会效益和生态效益，比如保护生物多样性、保护及涵养水源、防风固沙、净化空气、改善环境、增加当地农民就业提高农民收入等。这些综合效益的正外部性与碳汇的外部性一样，较难在市场机制条件下得到补偿。

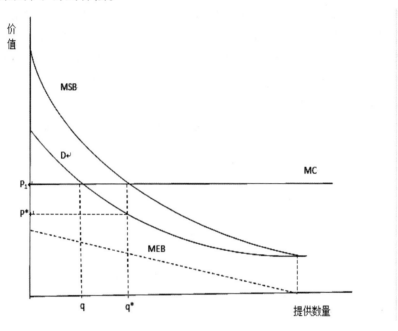

图 3.1　林业碳汇的正外部性和无效率

从巴泽尔的产权角度看，外部性问题的实质是由于具有稀缺性的资源没有具备清晰的产权。这样，在产权界定的过程中，资源有部分要素被留在公共领域之中而没有完全界定清楚。当攫取这些要素能带来的收益大于所付出的成本时，当事人就有动机对这部分"共同财产"进行攫取。这一过程有可能给其他的相关主体带来正面或负面的影响，这就产生了外部性。

权利的交易成本也会带来外部性问题，这是科斯重点强调的内容。如果政府没有进行干预，不同产权的所有者就要通过谈判来解决外部性问题。在正交易成本的市场中，这种谈判往往受交易成本影响无法进行。此时，政府法律部门对产权的初始界定，以及不同产权所有者在产权清晰条件下的成本—收益分析就成为利用市场手段提高资源配置效率的前提。德姆塞茨在科斯研究的基础上进一步提出，由于资源的使用者不会考虑他们行为的全部社会成本，所以即便在交易成本为零的市场条件下，仍然会有外部性存在。

由于外部性现象会使社会效率遭受损失，经济学家一直在研究外部性内在化的问题。普遍的看法是只有尽量减少资源处于公共领域内的部分，使个人收益率不断接近社会收益率，才能从根本上解决外部性带来的效率问题。产权的清晰界定被认为是外部性内部化较为有效的做法。产权界定可以使产权主体拥有对客体的所有权，进而可以按照合理的方式对客体进行使用。从该客体中获取收益的人必须对产权所有者付出补偿。因此产权有助于建立有效的激励机制，促使所有者自发地通过对自己行为的调整，寻求最有效的资源配置方式。征税或进行总量控制也是外部性内部化的手段，在适当产权制度的保证下，可以更有效地起到减少负外部性的作用。

二、林业碳汇产权的重要属性

产权的属性主要有排他性、有限性、可交易性、可分解性和行为性。林业碳汇产权目前要获得有效利用至少要保证具有排他性和可交易性。除了这两种属性外，林业碳汇产权还具有可与林权分离的可分离性，这是林业碳汇产权转移的重要条件。

（一）排他性

产权实际上反映了人们之间的竞争关系。由于竞争的存在，特定财产的产权只应有一个主体，这个主体要保护自己的产权，阻止其他主体无偿地进入自己产权的领域，这就是产权的排他性。所有人都可以对没有排他性的产权行使产权权利，使产权的界定无法实现。排他性实质上就是产权主体对外的排斥性或其对特定权利的垄断性。要使产权具有排他性必须对财产的使用权进行限制。

一个产权主体要有权利阻止其他主体进入特定财产权利领域，产权才得以确立。没有排他权就意味着所有人都可以对财产行使占有、使用、收益和处分等权能，财产的产权也就无法明晰。由于林业碳汇本质上是无体物，又具有较强的外部性，只有通过完整的产权界定过程，并对产权的界定、交易、使用和注销等过程进行系统全面的管理才可能使其产权具有排他性。这些管理过程所需要支付的成本将影响林业碳汇产权主体行使排他权的意愿。为了保证产权主体顺利行使排他权，降低排他成本并增加林业碳汇所能带来的效用是重要条件。此外，排他权的实现还需要给产权主体提供保护产权的排他性手段，比如制定专门针对林业碳汇产权的法律规定、成立独立的第三方审定核证机构等。

（二）可交易性

可交易性是产权的重要内在属性之一。它以产权的排他性为前提。只有具有排他性、边际清晰并可计量的产权才具有可交易性。产权的可交易性是其实现功能的内在条件。产权功能包括减少不确定性、外部性内部化、激励功能、约束功能、资源配置功能和收入分配等。由于社会分工的存在，这些功能的实现在很大程度上要通过产权的交易完成。因而，产权的可交易性是产权功能实现的重要条件。界定完成后的产权必须具有可交易性，但是具有可交易性不等于产权必须进行交易。林业碳汇产权的所有者决定是否要让渡或放弃自己产权时，会进行各种形式的利弊权衡。比如自己有没有能力找到林业碳汇产权的买家，买家提供的交易条件能否符合自己的要求，自己识别林业碳汇产品是否合格需要付出的成本等。不管对哪方面利弊进行衡量，产权主体都倾向于作出对自己更有利或损失更小的选择。在利弊权衡的基础上，林业碳汇产权的所有者才会作出是否进行交易的决定。

不同产权主体之间存在差异性。这使产权主体行使林业碳汇产权的权能时可能难以充分实现其效用。通过产权的流转，林业碳汇资源可以配置给合适主体，最大可能的发挥不同产权主体的能力优势。这种情况下，交易就成为保证产权行使效率的重要手段。但是，林业碳汇交易的实现受到以下几个因素的影响。

专用性。资产专用性越高越难实现转移，在交易过程中所遭到的损失也越大。林业碳汇产权交易的对象是由于森林吸碳固碳所提供的温室气体排放空间。这一对象仅对有减排需求的产权主体有用。因而，参与林业碳汇交易的产权主体最初局限于强制或自愿减排的部门、机构或企业。打破资产的专用性可以扩大参与林业碳汇产权交易的主体范围。

不确定性。交易的不确定性主要源自不同产权主体获取和处理信息的能力存在差异。交易者需要清楚了解的很多因素在客观上难以把握，尤其是未来的市场交易状况难以预测。这对产权交易环境带来较大的不确定性。在交易过程中，林业碳汇产权的交易方对产品的价格、质量、数量等各种信息掌握的程度有差别。为了力图避免损失或增加收益，交易方会尽可能对交易契约进行详尽的规定，把能考虑的因素都在契约中体现出来。这样做必然增加谈判、签约甚至履行契约的成本，使交易难度增加，甚至无法达成交易。科学合理的制度建设和交易规则的制定可以降低不确定性的影响。

交易频率。交易平台和治理结构的建立和运行是需要花费成本的，当交易频繁时，大量交易带来的利益可以部分抵消这些成本。如果交易频率较低，交易平台和治理结构建立和运行的成本就很难得到降低。较高的成本使提供这些必要基础条件无利可图，导致交易平台和治理结构建设的滞后。目前，林业碳汇交易权的实现就受到交易频率太低的制约。这种制约导致大多数交易是基于具体项目基础上向项目实施方直接购买。在市场上由买卖双方竞价进行的交易数量较少。不过，借助其他已经较为成熟的交易平台开展林业碳汇产权的交易，可以在一定程度上减轻了这一因素的影响。

（三）可分离性

林业碳汇产权的可分离性主要指的是，为了在不同产权主体间进行林业碳汇产权的转让，林业碳汇产权可能需要与原物的产权在概念上分离，才可以归属于不同的主体。这种分离需要具备一定的条件。由于林业碳汇是依附于林木等原物的生态服务，属于原物的法定孳息，要实现产权的分离必须有人为行为的介入对其进行计量、监测及注册管理等过程。具体来说，通过以下几个具体步骤可以使林业碳汇成为合格的产权客体，使其产权的确权具备基本条件：

首先，项目设计。由项目业主或合格的咨询机构编制《项目设计文件》（PDD），对林业碳汇项目的整个实施过程进行提前设计。

第二，项目审定。为保证项目形成林业碳汇减排量的真实可靠，由管理部门认可的审定机构进行对项目活动及《项目设计文件》的审定。

第三，项目注册。由项目备案机构对项目进行登记注册，经公示后批准项目合格。

第四，项目实施。由项目业主按照《项目设计文件》组织项目实施，按照设计文件要求完成项目。

第五，项目监测。项目业主或咨询机构对项目实施过程和效果进行监测，以确保项目实施过程真实可靠，符合《方法学》的要求，并计算林业碳汇的实际减排量量。

第六，项目核证。由业主委托合格的独立咨询机构针对项目监测报告、对项目活动产生的林业碳汇减排量和项目实施情况进行核证，保证林业碳汇减排量量的真实性和可靠性。

第七，签发减排量。在核证基础上，依据林业碳汇具体用途 由不同管理部门或机构签发核证减排量。

经过以上完整的步骤，林业碳汇形成的核证减排量可以和其所依附的林木等原物在概念上相分离，成为可以独立进行交易和转让的产权客体。产权的交易还需要在专门的产权交易平台上进行管理，以保证产权的唯一性和林业碳汇的有效性(见图3.2)。

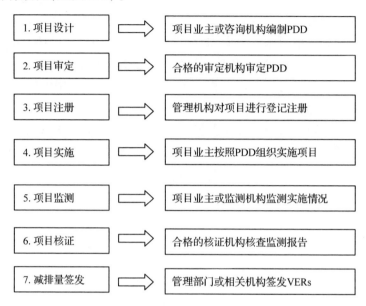

1. 项目设计	⇒	项目业主或咨询机构编制PDD
2. 项目审定	⇒	合格的审定机构审定PDD
3. 项目注册	⇒	管理机构对项目进行登记注册
4. 项目实施	⇒	项目业主按照PDD组织实施项目
5. 项目监测	⇒	项目业主或监测机构监测实施情况
6. 项目核证	⇒	合格的核证机构核查监测报告
7. 减排量签发	⇒	管理部门或相关机构签发VERs

图3.2 林业碳汇产权与林权分离条件

第二节 林权的涵义

一、各种林权概念的提出

林业碳汇产权与林权有密切关系。因此，林权的状况在很大程度上影响到林业碳汇的产权。这一点不仅适用于国外，在国内也同样存在。特别是我国林权还存在一些与土地私有制国家不同的特点，林权状况比较复杂。分析林权存在的问题及现状将有助于厘清林业碳汇产权的问题。

在林权界定中存在的第一个问题是，我国现行法律法规中并没有对林权这一概念加以明确定义。多数学者都通过从法律制度中寻找林权的定义与内涵，然后在自己的研究中使用各种不同的林权概念。因此，我国目前对林权的定义没有形成较为统一的观点，各种研究多从实际情况出发对其进行描述性定义。一般认为林权是法律所规定的对森林所享有的权利。在我国《森林法》中，对森林资源的归属进行了界定。我国的森林资源依法属于国家所有，由法律规定属于集体所有的除外。《森林法》进一步规定，森林、林木和林地的所有者和使用者的合法权益，受法律保护，任何单位和个人不得侵犯。因此，从我国《森林法》的规定来看，林权应包括对森林、林木和林地的合法权益。

从字面上看，林权可以分为"林"和"权"两部分进行理解。在有关森林的不同法律规范性文件中，森林、林木、林地、森林资源被规定为与"林"相关的事物，"权"则被规定为所有权和使用权。因此林权的实质内容是与"林"相关的物的归属和利用，应该属于物权范畴。林权的内容主要是这些客体的所有权和使用权问题。依据《全国人大常委会法制工作委员会关于如何理解和执行法律若干问题的解答（一）》（1988 年 4 月 25 日）第 11 条中的规定：林权证确认的内容包括森林、林木、林地的所有权和使用权。《森林法实施条例》中也规定：森林资源，包括森林、林木、林地以及依托森林、林木、林地生存的野生动物、植物和微生物。由此可见，林权的客体涵盖了森林、林木和林地。林木在立法实践中是林权的客体之一。不过，从本质上来看，产权是社会经济关系的核心组成部分之一，其反映的是"人与人之间的行为关系"。经济活动的多变性将导致经济主体间的权利关系变动频繁。于是，以上这些源自不同法律、对林权的定义可能落后于实践，产生一定的时滞性。

从森林资源的角度看，森林资源包括森林、林木、林地以及依托森林、林木、林地生存的野生动物、植物和微生物。如果按照森林资源的含义理解，林权就应该包括对森林、林木、林地以及依托这些资源生存的野生动植物和微生物的合法权益。但是，林权的所有者对野生动植物和微生物的权利主张无论是在国外还是国内，都没有法律的支持。因此林权的客体应该不包括野生动植物和微生物。现有林权概念及内涵大多基于实物，没有实物形态的森林生态服务产权还没有明确包括在林权概念。有研究认为，林权是对森林、林木和林地的所有权和使用权。周训芳等（2004）认为林权是指森林、林木、林地等森林资源的所有权和使用权。李春雨（2008）认为林权包括林地所有权、林地承包经营权、林木所有权和使用权、林木采伐权。尽管对林权的内涵和外延有各种不同的认识，以上研究均没有明确指出生态服务与林权之间的关系。

随着目前人们对气候问题关注度的上升，森林资源中应该包括其所能提供的生态服务。这一观点为越来越多人们所认可。在全球气候变化背景下，森林包括碳汇功能在内的各种生态效应日益受到重视。但是，这些生态功能与森林所能带来的经济功能之间可能存在较大的利益冲突。当产权所有人为了实现森林的经济功能而采伐林木，或者以其他对森林环境造成破坏的方式对森林加以利用时，森林所能带来的生态功能就会受到损害。从产权的角度看，要解决这一问题需要对森林生态服务的产权加以界定，使林权主体可以将生态服务的正外部性内部化，从产权中实现相应的权益。如果把林业碳汇等生态服务都看做森林的法定孳息并明晰其产权，就可以使林权主体具有更多实现收益的选择，转变森林经营的思维与方式。这些生态服务，如生物多样性保护、水源涵养、水土保持、碳汇、制氧等，和森林、林木及林地密不可分。它们可以产生价值已经为人们普遍接受。因此，从森林资源角度看，生态服务的合法权益也应该包括在林权内容中。

从我国集体林权改革的实践中看，改革的首要任务是明晰产权。集体林权中产权的明晰指的是在坚持集体林地所有权不变的前提下，依法将林地承包经营权和林木所有权以家庭承包方式落实到本集体经济组织的农户，使农民成为林地承包经营权人。集体林权改革通过勘界发证、放活经营权、落实处置权、保障收益权、落实责任等步骤使农民真正成为林地经营权的主体，对林木拥有所有权，依法享有对林地和林木合法的经营、处置、收益权利。由此可以看出，我国实践中对林权的含义包括的是林地的所有权和使用权，以及森林及林木的所有权和使用权，加上以这些权利为基础而享有相应的处置、收益的权利。

二、林权涵义中的基本要素

尽管目前实践中对林权的认识并没有明确包括生态服务的内容，但是由于森林的生态服务与林地、林木这些实物形态的资源联系紧密，生态服务的提供也主要是在森林的自然生长过程中完成的，可以认为林地、林木的产权状况将在很大程度上影响其生态服务的产权情况。经过研究，作者从经济学角度依据经济利益关系对上述现实中的林权概念加以总结和分析，认为可以从以下几个方面对我国的林权进行理解：

首先，如前所述，产权的本质是社会经济关系，从这一角度看，林权指的不仅是人与森林之间的归属关系，还应涵盖由于森林的存在以及对森林的使用所引起的主体间发生的行为关系。当然，产权的主体与森林的关系是主体之间产生关系的原因。

第二，林权是一种具有行为性的权利，而不是静态的归属关系，是人们使用森林资产过程中发生的具有经济性质的关系。仅从静态角度将林权划归给某个或某类产权主体，并不能使产权主体获得森林资源所带来的回报。产权主体因而也不会重视是否拥有产权，达不到调动产权主体合理利用所分到的森林资源进行生产活动的目的。

第三，从产权权能来看，林权也应该包含占有、使用、收益和处分等权能，但是从我国有关林权的规定中可以看出，目前强调的依然是所有权和使用权两个方面，其他权能依附于这两种权能并促使这两种权能的实现落到实处。因此，林权概念在不同程度上涵盖了产权各种基本权能的内容。

第四，以林业碳汇为代表的生态服务应纳入林权范围内进行考虑。由于生态服务的计量和确权仍存在很多有争议之处，可以先考虑对已经取得共识的生态服务进行产权界定及交易运作的试点。在我国法律法规中明确这类权利的存在有利于试点工作的有序进行。

综上所述，本书认为林权应包括与森林资源产权有关的各种权利。权利的内容主要包括占有、使用、收益和处分以及其他可能衍生出的其他权能。为了实践中便于操作，目前将各种权能归纳为所有权和使用权，其他权能作为这两种权利中所包含的内容。权利主张的对象应包括森林、林地、林木及生态服务在内的较为广义的森林资源在内。只有在林权概念中充分考虑林业生产的各种特性，才有利于森林资源的有效、科学、合理利用，使林业生产公益性和经济性共存的特点得到更好地体现。

第三节　林权的现状

一、林权的主体和客体

林权主体是指根据法律规定或者合同约定、依法享有林权的权利人。主体相对于客体而言处于能动地位，是对客体发生作用的根本来源，也是职能的承担者和领属者。此外，主体与非主体相比拥有独有的、稀缺的职能，即主体与非主体之间由于客体的存在而存在着特定的关系。林权主体不仅仅是林权的享有者，也是林权的构成要素之一。林权归属的实现必须先对林权主体进行明确。依据前文对林权涵义的分析，我国林权的权利主体主要由所有权主体和使用权主体组成。

我国对林权主体的相关规定可以在不同的法律法规中找到。例如，在《中华人民共和国农村土地承包法》第三条中规定：包括林地在内的农村土地采取农村集体经济组织内部的家庭承包方式，不宜采取家庭承包方式的荒山、荒沟、荒丘、荒滩等农村土地，可以采取招标、拍卖、公开协商等方式承包。这部法律中把农村土地的产权主体确认为农村集体经济组织内的家庭。《中华人民共和国森林法》第三条第二款规定："国家所有的和集体所有的森林、林木和林地，个人所有的林木和使用的林地，由县级以上地方人民政府登记造册，发放证书，确认所有权或者使用权。"也就是说，依照我国《森林法》规定，林权主体包括"国家"、"集体"和"个人"。

林权主体在我国不同的法律中有不同规定，这主要是由以下原因造成。首先，不同的法律在不同的时期颁布实施，不可避免地要受到当时历史条件的影响，这导致多部法律对林权主体这一概念作出不同形式的规定。其次，由于我国实行的是土地社会主义公有制，决定了土地所有权的权利主体只能是国家或农民集体，其他任何单位或个人都不享有土地所有权，导致产权权能在现实情况中经常出现分离。这使法律的规定经常出现相对滞后的现象。针对以上问题的存在，刘宏明（2004）在研究后指出，应将我国的林权主体界定为国家、集体、自然人、法人或者其他组织，从而统一现存的各种不同说法。目前，在我国第七次《森林资源清查报告》中，基于我国土地公有制度将林地权属分为国家和集体2种，林木权属分为国有、集体、个人和其他（包括合资、合作、合股、联营等）4种，较为全面的考虑了林地、林木产权权能的分离所带来的产权主体变化情况。随着林权制度改革的深入和林业经营模式的发展，林权主体的范围将不断扩大，各主体之间的相互关系将更加复杂。

林权的客体即林权所指向的对象。如前文对林权概念的分析中所述，目前多数学者在其研究过程中均认为林权客体包括森林、林木、林地，不过这一界定并不完善。随着生态服务价值越来越受到人们的关注，林权的客体有逐渐向生态服务延伸的趋势。此外，由于森林资源的范围也逐渐包括其提供的生态效益，将生态服务产权界定为林权所衍生的财产权利也有一定的依据，并从实践中总结了一些可借鉴经验。从本书的角度出发，我们认为林业碳汇这种生态服务也可以成为产权的客体，并与林权有密切联系。

二、林权的内容

（一）所有权权属现状

如前所述，我国的林权主要归纳为所有权和使用权。本部分先分析我国林权所有权权属的现状。作为一种比较重要的基本权利，森林的所有权在1982年颁布实施的《中华人民共和国宪法》和1998年修改的《森林法》中均得以体现。我国《宪法》第九条规定："矿藏、水流、森林、山岭、草原、荒地、滩涂等自然资源，都是属于国家所有，即全民所有；由法律规定属于集体所有的森林和山岭、草原、荒地、滩涂除外。"《森林法》第三条规定："森林资源属于全民所有，由法律规定属于集体所有的除外。森林、林木、林地的所有者和使用者的合法权益，受法律保护，任何单位和个人不得侵犯。"两部法律均明确了森林作为一种自然资源，分别属于全民所有和集体所有。

随着我国林业产业的发展，林权状况也发生了变化。在《中共中央、国务院关于加快林业发展的决定》中，提出要放手发展非公有制林业，具体规定如下："国家鼓励各种社会主体跨所有制、跨行业、跨地区投资发展林业。凡有能力的农户、城镇居民、科技人员、私营企业主、外国投资者、企事业单位和机关团体的干部职工等，都可单独或合伙参与林业开发，从事林业建设。要进一步明确非公有制林业的法律地位，切实落实'谁造谁有、合造共有'的政策。"从《决定》中可以看出，目前我国的林权所有权主体已经呈现出日益明显的多元化趋势。这一变化在调动各种资源发展林业的同时，也使林业产权主体的情况更加复杂。具体来说，在林地所有权国家所有的前提下，林木的所有权以及林木形成其他资源的所有权应考虑赋予具体的行为主体，以明确权利所有人，激励其开发经营的积极性。

（二）使用权权属现状

林权的使用权能是顺利实现其收益权能和处分权能的重要条件。财产只有使用后才能带来效用，其产权权益才能顺利实现。因此，我国林权证中的"使用权"实际上基本包括了对财产的使用、收益及处分的权能。相关法律及规定中对使用权进行了明确的规定。修改后的《森林法》第三条对我国属于国家所有和集体所有的森林、林木和林地，个人所有的林木和使用的林地的确权程序进行了较为明确的规定。以上资源应由县级以上地方人民政府登记造册，发放证书，确认所有权或者使用权。国务院可以授权国务院林业主管部门，对国务院确定的国有重点林区的森林、林木和林地登记造册，发放证书，并通知有关地方人民政府。森林、林木、林地的所有者和使用者的合法权益，受法律保护，任何单位和个人不得侵犯。上述法律规定对国家、集体和个人对森林资源的所有权和使用权从宏观角度加以明确，有利于产权主体拥有使用权可以带来的合法权益。《中华人民共和国民法通则》第八十一条第一款规定："国家所有的森林、山岭、草原、荒地、滩涂、水面等自然资源，可以依法由全民所有制单位使用，也可以依法由集体所有制单位使用，国家保护这些资源的使用、收益等权利；使用单位有管理、保护、合理利用的义务。"第八十一条第三款规定："公民、集体依法对集体所有的或者国家所有由集体使用的森林、山岭、草原、荒地、滩涂、水面的承包经营权，受法律保护。"承包双方的权利和义务，依照法律由承包合同规定。

对一些使用权具体形式的规定在其他法律法规中也有相应内容。比如，对采伐权利的限制性规定见于我国《森林法》第三十二条规定："采伐林木必须申请采伐许可证，按许可证的规定进行采伐；农村居民采伐自留地和房前屋后个人所有的零星林木除外"。《森林法实施细则》第十五条规定，"用材林、经济林和薪炭林的经营者，依法享有经营权、收益权和其他合法权益。在《农村土地承包法》中对以家庭承包方式取得的承包经营权进行了如下规定："承包方享有的权利包括依法享有承包林地使用、收益和林地承包经营权流转的权利，有权自主组织生产经营和处置产品；承包林地被依法征用、占用的，有权依法获得相应补偿的权利；法律、行政法规规定的其他权利。"

综合以上内容，我国林权的具体内容随着经济、社会的发展而不断变化，总的趋势是要使林权成为可以给产权主体带来收益的、可进行实际操作的、受到法律承认和保护的权利，从而发挥产权对资源配置的优化作用，更有效地利用有限的森林资源。

三、我国林权归属的主要形式

受不同土地所有制度的影响，各国的林权权利的实践形式各有不同。我国由于实行土地的社会主义公有制，土地的所有权属于国家。因此，不同主体在林权权利结构中主要依据使用权的不同归属演变出不同的实践形式。具体来说，我国林权权利的主要实践形式可以分为以下几类。

1. 国有林形式

目前主要采用的是国有国营形式，也就是所有权和经营权都属于国家的林权制度形式。也有部分地区开始试点国有林权的改革，开始尝试将国有林的所有权和使用权分离，以调动国有林经营者的积极性，提高国有林的生产经营效率。但改革仍处于探索阶段，还未开始全面实施。这种林权权利的实践形式虽然产权主体相对单一，产权表面上比较明晰。实际上，国家作为产权主体容易带来明显的**主体虚置**的问题，由人人拥有变成无人负责的局面，导致目前出现比较依赖国家财政投入，其他投资渠道不畅，产权主体投资激励不足等问题。国有林区目前主要承担了林业作为公益性行业的大部分职能。生态脆弱地区、自然保护区、天然原始林等对环境和生态平衡起重要作用的森林资源基本上都属于国有林，在发展过程中遇到较大困难。

2. 集体所有，集体经营形式

所有权与使用权都属于集体成员。由于产权的公共程度较第一种方式为低，产权的明晰程度也高于第一种产权形式。因此在投资激励程度等方面要强于国有国营形式。但是，这种形式仍然存在经营主体不明确，协调成员间的利益比较困难的问题。随着农民可选择的获利方式增加，集体所有集体经营的方式越来越难以吸引集体成员积极投入林业生产。这也直接推动了我国正在全面推行的集体林权制度改革。

3. 在集体所有条件下，采取承包经营的形式

这种方式在坚持集体林地所有权不变的前提下，将林地承包经营权和林木所有权，以家庭承包的方式落实到本集体经济组织的农户，确立农民林地承包经营权人的主体地位。这是我国集体林权制度改革后集体林权采用的主要形式。在明确承包关系后，通过勘界发证、放活经营权、落实处置权、保障收益权、落实承包方森林管理责任等措施，使农户明晰自己的林权，自主经营，合理利用林地资源，依法进行林权流转，并保证农户获得行使以上权利所产生的收益。目前，我国共有林地3.04亿公顷，其中集体林地约为1.83亿公顷。截止到2014年12月底，全国确权集体林地1.8亿公顷，占各地纳入集体林权制度改革面积的99.05%，发放林权证1亿本，发证面积1.74亿公顷，占已确权林地总面积的96.37%。明晰产权，承包到户的改革任务基本完成。集体林基本上成为个人经营的森林资源，所获得的收益由承包农户所有。承包人拥有林地使用权，对林木享有充分的占有权能、使用权能和收益权能，以及不完全的处分权能。

在以上几种实践形式的基础上，我国目前还鼓励开展多种经营方式，鼓励更多社会资源参与林业产业的生产。经营方式的不断创新使林业产权关系更加复杂。在林权基础上衍生出来的其他产权的界定，如林业碳汇产权，也

将为产权主体带来新的权益实现及分配问题。

第四节　林权对林业碳汇产权的影响

在林权涵义的介绍中，可以看出林权的客体不仅仅是林木，还有森林、林地，甚至一些满足条件的生态服务。这些客体之间还存在相互依赖、相互影响的复杂关系。比如，森林包括林地、林木和整个森林生态系统，林木的变化直接影响到林地的价值和生态系统的稳定，从而影响到生态功能的提供。多重客体的存在导致了林权权利人的多元化。因此，林业碳汇产权如果定性为林权，仍较难在多元的林权权利人中明确碳汇产权的所有者，林业产权复杂的特征使林业碳汇产权的明晰更加困难。为了使产权主体更好地使用产权明晰的林业碳汇资源，对林业碳汇产权进行概念界定很有必要。具体来说，林权的以下特征使林业碳汇产权的明晰更为复杂。

一、林权结构的复杂性

林业以森林资源为经营对象，是国民经济的基础产业，同时又具有社会公益事业的性质。林业不仅为社会提供以林产品和林副产品为主的物质产品，还提供社会发展过程中不可或缺的生态产品。森林资源是复杂的自然生态系统，内部构成复杂多样。不过，从资源或资产的角度看，森林资源主要包括林地、林木和森林生态服务三部分。这三部分资源共同构成了社会生存与发展不可或缺的自然生态环境。林业产权的复杂性主要就来自森林资源的复杂性。

依据森林资源的构成情况，林业产权也应该由三种结构组成：林地产权、林木产权和生态服务产权。

林地产权具有不动产性质，有稀缺性和可重复使用的特点。由于自然立地条件存在的差异，林地产权也存在区位和质量的差异，不同林地产权主体的收益权差异较大。目前我国的林地所有权属于国家或集体所有，但是林地的经营权或使用权可以在市场上进行市场交易或流转。林地在保证用途不变的条件下，可以承包给不同主体进行林木种植或经营活动。

林木的占有权、使用权、收益权和处分权构成了林木产权。林木产权是林业产权中的主要部分，也是狭义意义上的森林资源产权。目前正在进行的林权改革就是针对林地的使用权和林木产权开展的。这两种权利是在市场上交易流转的实际运作标的。由于林业所具有的产业性和公益性并存的特点，林地和林木的产权都要受到一些限制，比如林地的用途一般情况下是不允许改变的，林木的采伐和更新也需要加强管理。

生态资源产权主要来自森林资源形成的生态系统所带来的生态效益或称为生态服务。由于生态效益产品所具有的公共产品属性，林业产权的这部分内容具有明显的外部性特征，林权的所有者由于生态效益的存在，获得的个人收益小于社会获得的收益。这导致林权的拥有者提供生态服务产品的积极性较差。通过对生态服务产品的产权进行明确的界定，并在此基础上形成外部性市场，有利于激励林权拥有者提高对森林质量的重视和森林环境的保护，减少经营中的短期行为，使用科学合理的森林可持续经营方法获得综合效益。林业碳汇作为这种生态效益产品的一种，进行单独的界定有利于产权的明晰，减少林权复杂性带来的干扰。

二、林权计量的困难性

从林权的三个构成部分来看，林地、林木及生态资源的产权在市场上进行交易流转存在计量上的障碍。首先是对活立木和林分蓄积量的测算，不仅计算精度难以达到很高水平，往往还需要付出较大的工作量。其次，对林权所包括的各种资产（林地、林木和生态服务）在实物量上进行准确评估面临很大难题。由于受到不同林种、立地条件和林分密度的影响，各种资产所能带来的收获量都存在较大差异。第三，价值量计算方面存在较多争议。由于森林实物量的变化受自然因素和人为因素的影响较大，不同的计量方法存在较大差异。这使森林资源尤其是森林生态服务要精确地进行货币化计量十分困难。而且，货币化计量选取价格的依据也没有普遍认可的规定。因此，如何对森林资产进行科学的实物量和价值量评估成为林权计量与交易中不确定性较大的问题。

林业碳汇减排量的实物计量目前已经有一套较为成熟的方法学。因此，虽然也属于无形的生态服务，与森林提供的其他生态服务相比，比较容易确定其具体数量，为林业碳汇产权客体地位的确定奠定了较好的基础。林业碳汇产权的权益实现因而有了比较具体的操作对象。不过，由于林业碳汇的实物量计量需要基于对林木生物量的计算，对林木生物量计量的准确性将直接影响林业碳汇减排量的计量结果。

三、林权交易的不完全性

产权是一种法定的财产权利。产权主体将因为拥有该种财产而享有财产的使用权、处分权和相应的收益权。不过，与其他财产相比，林业产权收益的实现却要受到更多国家法律和林业政策的约束。这是由于森林资源与环境的稳定和生态平衡密切相关，因此国家必须确保森林资源存量稳定在一个适当的水平，对其进行综合利用以协调发挥森林的经济、社会和生态效益。我国政府制定了一系列行政干预措施，对林权主体产权权益的实现进行了各种限制。这些限制使林权主体不能任意行使属于自己的林权权能以实现自己的产权权益。如我国20世纪80年代开始实施的采伐限额制度，以及木材运输许可证制度等。其目的是为了保护生态环境，为经济发展创造有利的环境条件。但是，这些制度不可避免地使林权所有者无法像其他商品所有者那样，在市场上按照市场规律自由交易所生产的木材。林权所有者也很难按照市场变化及时调整生产销售决策。这些行政干预措施在很大程度上影响了市场的公平竞争。因此，林权的交易存在不完全性。

林权交易存在的不完全性使林权主体实现权益的难度增加，导致林权主体经营林地的积极性不足。增加林农获得收益的方法和途径，使林农从森林提供的综合效应中得到回报，可以在很大程度上提高林农的生产积极性，促使其积极采用有利于森林系统平衡并获得经济收益的营林方法。林业碳汇在气候变化的背景下可以为林业活动带来一定收益，是植树造林和森林经营活动的一种利益补偿方式。林业碳汇交易的顺利开展在一定程度上可以影响林农选择经营森林的方式，使林农更积极地把林业的公益事业性质和经济产业性质结合起来考虑。此外，如果林农在森林采伐之前也可以获得一定的经济收益，林权交易带来的各种限制对林业发展带来的影响也可以得到一定的抵销。但是，与林权交易相似，林业碳汇产权的交易也是不完全的，目前在我国受到各种约束。各种规章制度还处于建立和完善过程中，导致市场交易一直没有形成。这意味着在目前阶段，我国林业碳汇在积极争取通过市场实现其产权权益的同时，还应该探索其他实现产权权益的方式，以对林业碳汇资源加以更充分地利用。

四、林权损益预期的不确定性

森林资源有其自身的生长规律和消长特点，这些特点在很大程度上影响了森林资源存量的保管与核算。森林资源有再生性特点，可以在自然力的单独作用下完成其生产过程，森林的经营者可以在投入较小的情况下实现森林资产的增值。从这一角度看，林业产权的主体在经营中比其他行业的生产主体具有有利条件。但是，森林资源同时还具有周期性较长的特点，容易受到水、火、虫、病等自然灾害及盗伐、滥伐等人为因素的破坏，从而造成森林资源的流失，使林权主体的收益受到不可预料的损失。综合以上两个方面可以看出，林权主体可以从森林资源获得的产权损益具有不确定性。

林权损益的这一特点直接影响了林业碳汇在温室气体减排中发挥作用。正是由于森林资源易遭受损失的属性，令林业碳汇的使用存在争议。林木在遭受自然灾害和人为破坏后，其所能提供的碳汇减排量也不复存在。这损害了碳汇产权所有人的权益。为了应对这一问题，相关机构在签发林业碳汇核证减排量时引入了临时减排量的概念，在一定程度上弥补了林业碳汇所具有的这种不确定性。此外，通过项目的科学设计及有效实施，在项目实施过程中设立林业碳汇的储备库也可以减少这种不确定性的影响。这也是目前林业碳汇主要以特定的项目形式完成交易的主要原因。

综合以上分析，林业碳汇是森林等实物载体提供的一种生态服务。或者说，林业碳汇是附着在原物上的一种生态产品。这种服务要发挥其作用，原物的存在必不可少。因此，林业碳汇的产权与原物的产权在某些阶段是一致的。林木等原物的产权归属于某个主体，林业碳汇的产权也归属于该主体。在林地和林木等原物产权清晰的情况下，林业碳汇的初始产权也是明晰的。但是，林地林木产权目前实践中存在的问题不可避免地影响到林业碳汇产权。此外，由于林地产权与林木产权可能出现不属于同一所有者的情况，林地所有人是否拥有林业碳汇产权，需要与林木所有人在林地承包合同中加以约定。

在应对气候变化背景条件下，林业碳汇可以降低温室气体浓度的功能得到普遍承认，从而使林业碳汇可以在碳交易市场上以核证减排量的形式进行交易。无论是以交易的方式还是以其他方式进行林业碳汇减排量的转让，必须具备的一个重要条件就是要通过科学计量等完整的确权过程，明确林业碳汇产权的内容。通过这些确权人为活动，林业碳汇产权才具备与林木产权分离的条件。林木的所有者在承担这一确权过程的成本后，就可以在满足林业碳汇产权的转让条件时，将其转让给其他主体。

由于确权过程的复杂性，现阶段并不是所有的林业碳汇都可以具备交易的条件。目前具备交易条件的林业碳汇主要来自按照合格方法学实施的，无林地上的造林再造林项目、有林地上的森林经营项目以及减少毁林项目。而来自林产品储碳和湿地保护等来源的林业碳汇如何纳入可交易碳汇还处于研究和论证过程中，这也是本书主要讨论来自林木的林业碳汇的原因。

第四章　中国林业碳汇产权的界定

产权界定指国家依据法律规定划分财产的所有权和经营权等产权权能的归属，明确各类产权主体行使权利的财产范围及管理权限的一种法律行为。产权界定有几个必要的构成要素。首先是有相关的法律规定；其次是有明确的产权主体；第三是有确定的财产范围，也就是本书中所说的产权客体；第四是产权主体所拥有的各种权能针对具体的产权客体如何表现的问题。法律规定的基本内容在理论基础中已经加以介绍，本章将对其他内容分别加以论述。

第一节　林业碳汇产权主体

林业碳汇产权是所有权人对所获得的林业碳汇依法或依规定享有的一切权利。本书中林业碳汇的产权主体是对林业碳汇拥有占有、使用、收益和处分等产权权能的公民或法人。不同产权主体从林业碳汇产权权利的行使中获得的效用不同。此外，我国林业碳汇产权主体获得产权的途径缺乏明确的法律依据，需要在实践中不断加以完善。

一、我国林业碳汇产权主体目的分析

我国目前的林业碳汇产权主体呈多元化特征。由于林业碳汇产权是一种全新的产权形式，在《宪法》、《民法通则》、《土地管理法》和《森林法》等法律中均未对林业碳汇产权的权利主体进行规定。本书拟从不同产权主体拥有林业碳汇产权的目的将其归纳以下几类(见表4.1)。

碳基金是在全球气候变化背景下，以及《议定书》生效后，由一些国家、地区和金融机构设立的一种投融资渠道。碳基金在其运行过程中，促进了《议定书》目标的实现，推动了温室气体的减排，取得了良好效果。林业碳汇减排量作为得到承认的一种碳排放抵减手段，是碳基金考虑的工具之一。经过几年的发展，各种目的不同的碳基金纷纷成立。这些碳基金控制的资金总规模不断增长，运作方式逐渐成熟，成为推动全球温室气体减排的重要

表 4.1　林业碳汇产权主体基本情况

产权主体	拥有产权目的
碳基金等不以减排为目的的投资者	（1）降低温室气体浓度，应对全球气候变化。 （2）保护生物多样性及森林生态系统的稳定。 （3）推动社会环保意识的提高。 （4）促进项目实施地区的可持续性发展。 （5）支持开发与探索新的碳汇项目实施方式。 （6）受出资主体委托获取林业碳汇。 （7）拥有林业碳汇产权后出售给有需求的其他主体。 （8）提前储备碳信用。
强制减排企业	（1）完成温室气体减排目标。 （2）为技术创新、改变生产经营模式赢取技术升级的缓冲期。 （3）通过碳交易市场对林业碳汇的核证减排量进行交易，降低自己的减排成本。
自愿减排者（包括企业和个人）	（1）保护环境，履行自己的社会责任。
林地经营者	（1）利用林业碳汇带来的补充收入提高森林可持续经营水平。 （2）通过林业碳汇项目实施获得发展林业的资金，提高自己未来的收入水平。

力量之一。除了碳基金之外，还有一些主体不需要承担温室气体的减排义务。他们投资的目的是为了得到价格较低的核证减排量，将来在减排量交易中获利。此外，还有一些企业主体目前不用承担减排义务，但是随着减排政策的不断变化，这些主体认为未来可能受到减排的限制。这两类主体都会提前储备一些包括林业碳汇在内的核证减排量。他们或者通过碳基金这类投融资渠道间接投资林业碳汇项目，或者自己直接参与项目的运作。总体来说，包括碳基金在内的这类主体拥有林业碳汇产权的目的包括为应对全球气候变化做出自己的贡献，或者通过林业碳汇项目的实施实现保护生物多样性等更多生态目标，或者希望在碳交易过程中占有一定的先机或获得一定经济收益。这类主体一般资金雄厚，有较强的技术力量支持，在林业碳汇市场交易没有普及时，他们在推动社会环保意识提高，开发与探索新的林业碳汇项目形式，促进项目地区的可持续性发展方面起到了不可或缺的作用。

　　强制减排企业是依国际规则或各国减排政策规定，必须承担减排义务的主体，他们是林业碳汇产品的最终使用者。目前，承担强制减排义务的企业主要指的是《议定书》规定下附件Ⅰ国家中的控排企业，以及一些区域性碳排放交易体系中的减排义务承担者。在我国，参与碳交易试点的地区也有部分参与试点的企业需要减排。但是由于国内碳交易还处于摸索阶段，可操作的减排政策及交易方案还在试验和完善阶段。因此，我国来自强制减排义务的需求还较少，一些潜在需求者也更倾向于使用能源等直接减排项目形成的核证减排量。为了履行自己的减排义务，这类产权主体如果没有完成自己承担的减排义务，可以在碳排放权交易市场上购买多余的配额或一定比例的核证减排量，用于抵减自己的超额排放量。在决定采用何种方式完成减排义务前，强制减排企业会对各种减排方案的成本进行比较，之后选择成本较低的方法。这些企业拥有林业碳汇产权的目的主要是为了获取林业碳汇形成的核证减排量，履行自己的减排义务，为自己实现实质性减排赢得缓冲期。这一类主体更关注的是林业碳汇产权的占有和使用权能，并且对林业碳汇产权的需求受所分配的排放配额大小和碳交易市场交易规则的约束。为了确实实现降低温室气体浓度的目标，这部分主体被要求使用减排机制认可的方法学生产的林业碳汇来抵减部分超额排放量。因此，强制减排主体对决定林业碳汇是否合格的构成要素要求较高。

自愿减排者既包括企业，又包括个人。这类主体在各自适用的减排机制中并不被强制安排履行减排义务。他们拥有林业碳汇产权的目的是为了履行社会责任，为保护环境、应对全球气候变化而采取行动。自愿减排目前是林业碳汇需求的重要组成部分。现阶段，在国内实施林业碳汇项目的资金大部分都来自自愿减排者提供的资金。这部分主体以各种方式获得林业碳汇产权后，并没有从行使产权中获取经济收益的需要，也不需要使用林业碳汇形成的核证减排量抵减超额排放，履行强制减排义务。因此，它们对所获得林业碳汇的特点和构成要素等信息的要求不高。不过，由于这部分主体的行为主要是公益性质的捐赠行为，不确定性较大，容易受到外部环境的影响。

林地提供者提供了林业碳汇生产的必须要素。这类主体可以依据土地使用协议成为林业碳汇产权的所有者。我国林地的提供方可以是国有企事业单位，农村集体和农民个人。这些主体既可以自行在林地上实施项目获得林业碳汇，也可以将林地的使用权转让给其他项目实施者，依据协议规定获得林业碳汇的产权。林业较其他行业较长的生产周期给林业生产带来较大的不确定性风险。林地的经营者一般希望通过种植模式和种植树种的选择尽快见到投资效益。这与森林可持续性经营的思路和方法在短期内存在差距。林业碳汇的出现一定程度上改变了这一情况。林地经营者在林地上实施项目时，为了获得碳带来的收益，需要依据项目设计文件采取森林管理措施。反过来，碳汇带来的收益有助于林地经营者在较长的项目期间获得一些经济补偿，减少了经营者对森林资源进行短期开发的冲动。对森林经营者而言，这解决了林业生产投资资金缺乏的问题。项目的实施还给林地提供者或经营者提高未来收入水平奠定了基础。林地提供者不仅可以从传统的木质及非木质林产品中获得收益，还可以得到碳交易带来的收益，参与项目实施的积极性将有很大提高。不过，目前我国林业碳汇产权可带来的经济收益仍然较低，因此这类主体更希望从林业碳汇项目中获得林木所带来的收益。

从以上分析可以看出，各类不同主体拥有林业碳汇产权资源的目的有所不同，对效用的评价也互有差异。设计有针对性的林业碳汇产权分配方式可以满足不同产权主体的效用要求，有利于激励更多主体获取林业碳汇产权，有利于相关主体获得更多资源开展林业碳汇项目。

二、产权主体获取林业碳汇产权的途径分析

本书将我国林业碳汇产权主体分为以上几个基本类型。不同类型的主体可以凭投资主体、项目实施主体和原物所有权主体的身份获取林业碳汇产权。如前文所述，本书认为林业碳汇属于林木的法定孳息。依据我国《物权法》第一百一十六条的规定：法定孳息，当事人有约定的，按照约定取得；没有约定或者约定不明确的，按照交易习惯取得。由以上规定可知林业碳汇产权的获得首先应遵守约定优先原则，由相关权利人约定产权的归属。《物权法》中还分别规定了抵押权人、质权人、留置权人对抵押财产、质押财产、留置财产的法定孳息有收取权。可以看出，法定孳息按照惯例一般属于原物的所有人，因此，林业碳汇的产权如果没有事先约定，应该属于原物的所有权人。总体来说，林业碳汇产权主体获取产权的具体途径如下（见图4.1）。

1. 当事人之间通过买卖合同明确林业碳汇产权的归属

林业碳汇的投资者可以通过签订林木等原物的买卖合同购买原物，以原物债权人的身份取得林业碳汇的产权，即投资者可以通过购买林木等林业碳汇的原物以取得其法定孳息的产权。此外，投资者也可以在合约中规定直接购买林业碳汇，成为林业碳汇产权主体。但是，在该种情况下投资者需要约定原物的经营者在林业碳汇的计入期内按照项目设计文件对原物进行经营管理，需要付出一定的监督成本。此外，《中华人民共和国合同法》中规定，合同的标的物在交付之前产生的孳息，归出卖人所有，交付之后产生的孳息归买受人所有。因此，在原物登记交付之前产生的林业碳汇应归原物所有权

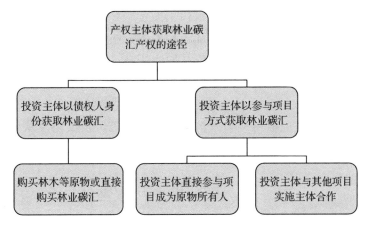

图 4.1　林业碳汇产权获取途径

人，而登记交付之后产生的林业碳汇应归原物的投资者。在购买合同中对不同阶段林业碳汇产权的归属进行明确约定，可以减少不确定性带来的影响，减少当事人之间可能产生的纠纷。但是，这样会增加计量及交易的成本，使约定达成的难度加大。

　　2. 当事人通过参与项目的方式明确林业碳汇产权的归属

　　如果林业碳汇投资者直接承包土地进行林业碳汇项目，成为林木等原物的所有权人，则无需再做另外约定，自然成为林业碳汇产权的主体。

　　如果林业碳汇投资者自己没有直接参与林业碳汇项目，而是与其他承包土地实施林业碳汇项目的主体合作。这种情况下，投资者没有成为原物的所有权人，原物的归属取决于其他实施项目的主体与土地发包人之间的承包合同。投资者要获得林业碳汇产权，还需要与其他实施项目的主体进行额外约定。这里的其他主体包括项目运行实体和农村集体或农民个人。具体又分以下两种情况：

　　(1) 投资者选择项目运行实体负责运营碳汇项目。

　　如果项目运行实体承包土地实施林业碳汇项目，原物的所有权人或者是项目运行实体，或者由土地承包合同另行约定。如果是前者，原物和林业碳汇均归属于项目运行实体，投资者可以直接与项目运行实体约定获得林业碳汇产权；如果是后者，原物所有权人可能是提供土地的主体，投资者需待项目运行实体依据土地承包合同约定从土地提供者处获得林业碳汇产权后，再由运行实体处获得林业碳汇产权。

　　(2) 投资者选择农村集体或农民运营林业碳汇项目。

这种情况下，农村集体或农民承包土地实施林业碳汇项目。原物所有权人为农村集体或农民，或者由他们和土地发包人之间的土地承包合同另行约定。如果是前者，农村集体或农民就是原物所有人，投资者可以直接与农村集体或农民约定获得林业碳汇产权；如果是后者，土地承包合同约定土地发包人是原物所有权人的，农村集体或农民要先和发包人约定林业碳汇的归属。在农村集体或农民取得林业碳汇产权后，投资者再依协议从农村集体或农民处获得林业碳汇产权。

第二节　林业碳汇产权客体

产权客体指产权权能所指向的标的，是产权主体可以控制、支配或享有的，具有文化、科学和经济价值的物质资料及各类无形资产。本书中林业碳汇产权的客体指的是林业碳汇这种生态服务。这种服务的形成离不开林木等原物，但是，林业碳汇需要经过专业的计量核算和登记注册等管理活动才能成为独立的客体。由于林业碳汇的使用与林木等原物提供的其他服务和产品不同，这决定了林业碳汇产权有其独特的构成要素。

一、林业碳汇产权客体的含义

马克思主义哲学中的客体是主体活动的结果，是人类活动所指向的对象以及客观存在的物。法律关系中的客体与哲学中所指的客体有所不同，它是法律关系产生、变更和结束的不可或缺的要素。沈宗灵（2004）认为，客体是相对于主体而言的，是主体的认识与活动作用的对象，客体处于主体之外，具有客观性，不以主体意识和思想而转移。法律关系的客体可以满足主体或权利人的精神或物质需求，具体指可以满足权利人利益的物质或非物质财富。

本书认为，林业碳汇是产权主体认识与活动的对象，它是独立于人类意识之外的客观存在。人们通过对森林生物学特性的研究可以对其进行感知，通过科学的计量和登记注册等管理制度可以对其进行支配。因此，本书中的林业碳汇产权客体指的是林业碳汇这种生态服务。由于林业碳汇与其他林产品相比独特的形成过程和计量方法，它的构成具有自身独有的特点。

林业碳汇是森林等物质载体生长和存续过程中可以提供的一种生态服务。林业碳汇作为一种原物具有的法律孳息，可以依据我国《物权法》的相关规定确定其产权的归属。即，有协议约定的依照约定规定，没有协议约定的依照原物产权的归属确定。如果产权主体只是为了明确归属，就不需要付出额外成本通过计量、监测、核证及登记注册的程序对产权内容进行进一步明确，也不用考虑产权的转移或交易。如果产权主体想进行产权的转移，甚至进行交易以获得经济收益，就需要参照以下对林业碳汇减排量的构成要素要求，对林业碳汇产权内容进行全面界定，才能保证不同产权主体的权利。特别是要进行交易的林业碳汇，更需要满足相关交易机制和减排量计算的严格要求，比如额外性要求，才能保证交易的规范和减排量计算的科学性和严谨。

二、产权客体的构成要素

商品是用于交换的使用价值。每种商品都有自身的构成要素，这些要素共同构成完整的商品。商品的初始提供者在交易时，可以只转让商品的一部分要素属性而保留其余部分。这种形式的产权交换导致商品的产权出现分割，多个主体可以拥有同一商品的不同要素。最简单的例子就是家电商品，消费者购买家电后直接拥有了商品的使用要素，通过使用商品满足自己的效用。家电商品的质量要素则由厂家在一定时间内继续拥有，以保证购买者可以顺利使用所获得的商品。消费者在作出购买决策时，会基于自己对使用要素和质量要素的偏好对商品进行比较和选择。一般而言，商品的这些构成要素包括价格、质量、数量以及商品使用所带来的效用等。

林业碳汇作为可以成为商品的产权客体，是由多种相互联系又相互区别的要素组成的。林业碳汇产权的界定要求对产权客体这些有价值的要素设置排他性，以便产权主体可以对这些要素进行利用而获取效用。依据以上对商品要素内容的基本分类，经过研究，本书将林业碳汇的构成要素分为技术要素、价格要素、使用价值要素和生态服务要素四类。这些要素是林业碳汇产权客体的重要组成部分。由于林业碳汇与一般商品生产方式的不同，这些要素除了包括一般研究分析的对象——价格和数量外，还包括林业碳汇作为特殊的环境产品所具有的特有要素。其中某些要素水平的改变甚至会影响相关产权主体的行为。在订立合同的过程中，合同各方会倾向于把特定的要素指定给更适合对其进行控制的一方，即更容易影响要素状态变化，并可以从这种变化中获得较多收益的一方。

（一）林业碳汇减排量的技术要素

林业碳汇的技术要素直接决定了林业碳汇项目产生的项目减排量是否具

备交易的资格，是否确实实现了温室气体排放空间的节约。这一要素取决于实施林业碳汇项目所依据的方法学。林业碳汇项目的方法学虽然依据项目类型有所区别，但有一些关键的要素在各方法学中基本上都有一致的相关规定。根据各国林业目前开展碳汇项目的管理与实践经验，这些关键要素包括基准线和额外性、林地标准、计入期、有效性和项目外泄漏等。

1. 基线和额外性

基准(也称基准线)情景是在没有林业碳汇项目活动的情况下，项目边界内有可能会发生的各种真实可靠的土地利用情景中最有可能的一种情景。这种情景下的碳汇量称为基线碳汇量，即未实施林业碳汇项目情况下项目边界内各碳库中的碳储量变化情况。基线碳汇量是计算项目减排量的重要参数。只有基准线的碳汇量得以确立，在项目实施期间，才有可能将项目实施后碳储量的变化与基准线进行比较，以得到项目减排量。基线情景主要由两个部分组成：(1)预测在没有项目时土地利用的变化情况。(2)预测项目生命周期内在项目实施土地上碳储量的变化。

在基准线得以确立的基础上，可以得出林业碳汇项目最重要的技术要素额外性的概念。额外性指项目所产生的碳汇相对于基线情景下是额外的。它是包括林业碳汇在内的生态服务市场上非常重要的一个概念。本书认为，目前对森林生态服务价值的估算之所以出现很多"天文数字"，主要原因就是在计算时没有正确使用额外性概念。这使生态服务的价值量核算备受争议，影响到生态服务价值的货币化进程。具体来说，额外性有两方面要求：(1)林业碳汇项目所减少的碳排放量或增加的固碳量，在没有实施该项目的情况下是不会发生的。(2)这些减少排放量或增加固碳量的行为，也是额外的，如果这些行为在没有项目的情况下也会发生，行为的额外性就不成立。

由于基准线和额外性要素是确定碳汇项目可以产生多少可交易碳汇量的关键要素，每个项目的基准线都应该是单独设定的。在界定项目的额外性时，要综合考虑政府政策、经济发展和文化传统等各方面的问题。

2. 土地标准

林业碳汇项目对林地的要求有严格规定。由于林业碳汇严格的计量要求，选择项目实施林地时必须考虑选择具有清晰基线的林地。CDM 项目中对造林项目林地的要求是过去 50 年内不曾为森林的土地，再造林项目林地的要求是 1989 年 12 月 31 日以来的无林地。在澳大利亚新南威尔士温室气体减排计划中，对再造林项目合格林地的规定与 CDM 规定是相同的。如前所述，新西兰的碳排放交易方案中把林地分为 1989 年后林地和 1990 年前林地。两类林地的所有者可以自愿申请或被强制加入碳排放交易方案。

加拿大英属哥伦比亚省对林业碳汇项目用地也有要求。不过与上述规定不同，在其所颁布的《森林碳补偿协议》(2011) 中对林业碳汇项目用地的规定是："只要林地能满足项目实施的基线设定要求，就可以在该林地上实施林业碳汇项目。"例如造林项目要求，无林地必须至少满足以下一个条件：(1) 如果不实施碳汇项目就不可能改变现有的碳储量情况以及正在土地上进行的开发活动。这意味着只要可以在该土地上建立一个静态的项目基线，这块土地就适合用于碳汇造林项目。(2) 如果项目用地至少 20 年均为非林地，就可以合理的认定这种非林地状态在没有实施项目的情况下将持续下去，符合这一条件的非林地可以直接实施碳汇造林项目(见表 4.2)。

表 4.2　林业碳汇项目对林地的要求

国家	项目类型	林地要求
CDM 项目	造林	过去 50 年内不曾为森林
	再造林	1989 年 12 月 31 日以来的无林地
澳大利亚新南威尔士温室气体减排计划	再造林	1990 年 1 月 1 日前为无林地
新西兰排放交易方案	林业经营活动	1989 年后林地
		1990 年前林地
加拿大英属哥伦比亚省碳中和政府政策	林业碳汇项目	可以进行基线设定的林地
我国(中国核证减排量③)	造林项目	2005 年 2 月 16 日以来符合标准的林地
	竹林项目	2005 年 2 月 16 日以来符合标准的林地

我国对林业碳汇项目用地也有规定。经国家发展改革委员会通过并备案的有关林业碳汇项目的两个方法学中对林业碳汇项目土地的合格性做出了规定。《碳汇造林项目方法学(版本号 V01)》和《竹林造林碳汇项目方法学》中均对符合标准的林地做出了规定。随着林业碳汇项目实践的发展，方法学中对林地标准的要求也在不断调整，以更好地适应新项目的实施要求。

除了林地自然属性的规定外，在实施林业项目时还要对土地的产权归属进行明确。林业碳汇项目的实施周期长，而且在计入期内林木不能进行大规模的采伐。如果土地产权存在争议，林业碳汇项目就有可能被迫中止或放弃。Agrawal 等(2008)对热带森林地区普遍存在的共同产权机制进行研究表

③　中国核证减排量，英文为 Chinese Certified Emission Reduction，CCER 是中国经核证的减排量，即中国的 CER。在国家发改委 2012 年 6 月 13 日发布的《温室气体自愿减排交易管理暂行办法》中，把经过国家主管部门备案的减排量称为"核证自愿减排量"，也被称为中国核证减排量。

明，在这些地区形成的林业碳汇产权由于林地的权属不清受到很大影响。Jon D（2008）对非洲碳汇项目的研究也发现，土地产权问题成为阻碍 CDM 造林再造林项目在非洲实施的主要因素。因此，土地的产权清晰也是林业碳汇项目的重要前提。

3. 计入期

计入期是由指定经营实体对林业碳汇项目活动产生的项目减排量进行计量和核查的时期。管理注册机构在这一时期内对与基准线相比较而产生的合格减排额发放 CER。林业碳汇项目计入期的规定决定了从该类项目中获取的核证减排量只在项目的运行周期中保持有效，它可以开始于项目的起始日期，不会超出项目活动的整个实施周期。林业碳汇的有效期是与项目的计入期一致的。只有在这一期间内产生的林业碳汇才能进行产权的界定，具备进行转让的条件。

4. 有效性

有效性问题来自林业碳汇的非持久性特点。持久性指碳被固定在植被中能够保持多长时间的问题，它是林业碳汇项目与工业减排项目相比所特有的一个问题。林业碳汇项目面临的很多风险，比如以火灾、虫害等为代表的自然风险，以土地所有权争议、人为破坏森林等为代表的人为风险等。这些风险的发生会影响林业碳汇物质载体，如林木的存在，从而给产权所有者带来不确定性风险。此外，林木采伐加工后，其固定的碳并没有立刻全部排放到空气中。这部分没有立刻排放的碳应怎样计算和监测，目前还没有达成普遍共识。如何处理木质林产品的这一特殊情况一直是林业碳汇计量中一个重点和难点。因此，林业碳汇的持久性对其在降低温室气体浓度中的影响一直是研究者们争论的领域。虽然工业排放源也有类似情况，但林业碳汇所形成的减排量具有的非持久性问题更为明显。

有效性问题还可能是由于计入期结束导致项目减排量的失效，也可能是由于森林受到破坏形成碳逆转，导致项目减排量需要更新。基于植物的生物学特性，专家们一致认为：植物吸收的 CO_2，终究会回到地球，只是时间的长短而已。因此非持久性问题是实际存在的。不过，通过对林业碳汇项目进行提前设计并对减排量进行特殊设定，可以较好地解决林业碳汇面临的非持久性问题。为了控制自然风险和人为风险，在选择项目实施地点时就要对当地的自然风险作出评估，潜在碳损失太大的土地就不适合开展林业碳汇项目。土地的权属问题也是必须考虑的因素，应优先考虑在没有产权纠纷的土地上实施项目。此外，建立碳信用的储蓄池或缓冲库也是解决林业碳汇非持久性问题的选择。缓冲库可以在已签发减排量因非持久性失效时使用所储存的碳汇给予及时补充。

针对林业碳汇的非持久性问题，CDM 对林业碳汇产生的减排量设定了短期核证减排量（下简称 tCERs）和长期核证减排量（下简称 lCERs）两种形式的临时份额。使用者可以用这些临时份额帮助自己完成减排目标，获得开发和使用减排技术的缓冲期。待信用期满后，使用者最后需要通过技术手段实现实质性减排，或使用其他增汇减排项目产生的 CERs 来替代失效的林业碳汇 CERs。

5. 项目外泄漏

项目外泄漏指的是由林业碳汇项目活动所引起的，发生在项目边界之外，可测量的温室气体排放的增加量。项目外泄漏是林业碳汇项目中很难避免的部分。泄漏带来的温室气体排放增加量会对项目减排量产生影响，从而影响项目产生减排量的实际数量。在计算林业碳汇项目产生的项目减排量时需要对碳的项目外泄漏进行扣除。

但是，碳泄漏的形成原因各有不同。这导致对其进行控制和监测的难度较大。一般来说，项目实施限制或禁止了项目边界内的原有行为活动。这些行为活动转移到项目边界外会带来碳泄漏。这种泄漏比较容易避免，可以对当地农民放弃原有活动进行补偿，或者对其行为进行追踪以达到预防目的。还可以在其他用途较少的土地上实施项目，以防止原有行为转移到项目边界外的其他土地上。

另一种泄漏是项目实施导致某种商品的市场供求发生变化而造成。由于市场范围难以界定，泄漏源可能很分散，追踪成本很高。这类泄漏较难避免。比如，由于项目的实施减少了木材的供给数量，影响到木材市场的供需平衡，这有可能刺激项目边界外的其他地区增加木材的采伐，甚至出现毁林行为的增加。在全球经济一体化的大环境下，这种泄漏甚至有可能超出一国范围，更加难以控制。如何衡量及控制国际范围的碳泄露仍是目前实践的一个难点。

正是由于项目泄漏难以避免，在计算项目的净碳储量时要进行一系列保守性分析，并根据实际经验定出项目的折扣率，当项目的不确定性大于一定标准时，要对项目产生的减排量进行扣除。

综合考虑以上要素的影响，通过计算可以得出林业碳汇项目所产生的项目减排量。项目减排量是由于实施林业碳汇项目所产生的净碳汇量，是林业碳汇项目所产生的实际可以使用的减排量。为了计算项目减排量，先要算出项目碳汇量，即由于实施项目所形成的碳储量变化量减去由于实施项目发生的项目边界内温室气体排放的增加量。在此基础上，还要扣除基线碳汇量和泄漏量才能得到最终的项目减排量。

林业碳汇的技术要素是林业碳汇具有可交易性的必要条件。这些要素确定了林业碳汇的质量和数量。只有具备这些要素的林业碳汇才符合国内外通行的交易标准，提供真实的温室气体排放空间。没有具备这些技术要素的林业碳汇产品并不符合可交易林业碳汇的规定。从理论上说，这些要素会存在差别，进而导致林业碳汇产品存在质量上的区别。由于目前林业碳汇项目所依据的方法学均是参照 CDM 项目和 IPCC 标准进行开发，所以在交易中可以认为所产生的林业碳汇是同质的。不过在现阶段，由于林业碳汇产权交易所能带来的收入流较少，这些要素的价值很难完全在交易中得到体现。对林业碳汇的交易各方来说，这些要素所能带来的收益不足以激励各方付出相应成本对其进行攫取。这些要素在林业碳汇项目减排量经过核证后后就成为林业碳汇的组成部分，目前主要控制在供给方手中，但有时不具备实现其价值的条件。由于从林业碳汇产权交易中获取的收益无法对这部分成本进行完全弥补，部分要素成为公共领域内的无偿价值。

（二）林业碳汇减排量的价格要素

价格是价值的表现形式，受到供需关系的影响而上下波动，体现的是某种商品的效用相对于另一种商品的稀缺程度。价格是普通商品最基本的构成要素之一，需求方在购买之前就可以观察到这一要素的信息。作为商品之间的交换比例，价格是一定数量的物品或服务可以换得的其他物品或服务的数量。当一种商品的效用无法得到体现，或者缺乏相对稀缺性，价格就很难形成。从产权角度看，价格体现的是一种产权与另一种产权之间的交换比例关系。

林业碳汇的价格形成有其自身特点。普通商品价格形成的基础是在生产及交易过程中发生的各种成本。林业碳汇生产虽然也存在相应成本，但其价格却不是在各种成本的基础上形成的。目前，林业碳汇价格的形成还没有成熟的市场机制。在我国，自愿减排基础上的碳交易试点政策尚处于初始阶段。国内的林业碳汇交易进展较慢，交易的价格基本上是交易各方参照国际碳市场交易价格后进行谈判达成的。新西兰的林业碳汇交易价格直接使用超额排放后排放者所需缴纳的罚金金额。加拿大 BC 省的林业碳汇价格是由政府统一规定的，公共部门必须以 25 加元/吨的价格购买碳权实现本部门的碳中和目标。总体来说，各国的林业碳汇价格都没有一个在市场基础上的统一形成机制，而是依据各国自身情况分别采取不同的形成方式。

究其原因，首先是林业碳汇所代表的温室气体排放空间的价值尚无法进行衡量，因此林业碳汇的价格不能在排放空间价值的基础上形成。由于温室气体排放空间的外部性，其价格体系难以在市场上自发形成。一般来说，环境容量资源的价格均需政府根据资源过度使用带来的危害等因素加以制定。然而，温室气体排放空间的过度使用所带来的危害还没有一个科学的衡量方法。这导致了从损害补偿的角度定价无法实现。

其次，林业碳汇的价格不能在实施林业碳汇项目所产生的成本基础上形成。林业碳汇仅是整个项目实施所产生效益中很小的一部分，很难把林业碳汇的生产成本从整个项目的成本中分离出来。林业碳汇项目成本的回收主要还是通过木质非木质林产品得以实现。林业碳汇直接相关的成本主要是项目设计阶段的有关林业碳汇计量监测的设计成本，项目文件的审定成本，项目实施过程中的计量监测成本，项目减排量签发前的核证成本，需交易的减排量还需要付出签约履约等交易成本。这些成本均不是发生在生产过程中的生产成本，实际上属于广义的交易成本。因而，林业碳汇的价格不能在项目成本的基础上形成，只应该在交易成本的基础上考虑。但是成本仅是价格形成的基础，普通商品价格是在这一基础上受到市场供需影响而形成的，也就是要由价值规律决定。

第三，林业碳汇作为生态服务的一种，不属于普通商品范畴。因此，林业碳汇的价格不完全由市场价值规律决定。从经济学观点看，生态服务这类公共产品的价格需要政府这只有形的手进行干涉。由此形成的市场也在很大程度上受到政策和法规的影响。在政策和法规还不明确的期间，林业碳汇的交易双方确定价格时要进行反复的博弈以达成一致意见。这将进一步增加林业碳汇的交易成本。在这种情况下，林业碳汇产权交易的价格就具有很大的不确定性，由政府通过政策加以规定可能是目前最有效率的方法。

如果博弈形成的价格较低，林业碳汇所包括的技术要素的价值就有部分可能被置于公共领域内。一般商品所包含要素的多少使产权所有者获得的调整边际出现不一样的情况。对于要素构成复杂，又没有完善的市场交易机制的商品而言，信息优势方（主要指供给方）就拥有较多的调整边际。在价格发生变动时，信息优势方可以通过调整产权客体所包含的要素实现自己的效用最大化要求。对效用最大化的追求意味着，即便是在价格受到控制的情况下，参与交易的个人在边际单位的净收益为零之前，仍然有一定的调整余地。只要需求者或供给者付出的成本没有得到弥补，均衡状态就依然无法达到，调整也将继续进行。林业碳汇所包含的技术要素具有多样性和变动性，这是由其形成的特点所决定的。林业碳汇要清晰量化，直接取决于一整套经过科学验证和实践检验，并获得权威机构认可的方法学和技术规范。只有符合这些标准的林业碳汇才具备进行交易的可能。这些必要条件是林业碳汇产权中不可缺少的内容，最多会因为所使用的方法学不同而存在差异。当林业碳汇的价格较低，产权拥有者可以获得的收益不高时，林业碳汇产品中所包含的要素价值就不能完全得到实现。这些有价值的要素就会被置于公共领域内成为无偿要素。只有这些价值对某一产权主体可以带来足够大的收益或效用激励时，产权主体才会付出额外成本以获取这部分公共领域内的价值。

综上所述，林业碳汇的价格目前还不足以使其所有构成要素在可交易的产权中得到清晰界定，但是价格的变动会影响林业碳汇产权界定的清晰程度。如上所述，有部分要素被置于公共领域中，无法从转让所获的收益中得到支付。这部分要素在林业碳汇产权中的界定较为模糊，成为产权交易过程中没有实现的价值。为了实现自己的财富最大化，供给者和需求者在价格发生变动时都有调整这部分公共领域内要素的冲动，以获取更大的收益或效用。这种自发的调整一定程度上可以减少资源的浪费。因此，在价格变动时为了保证公共领域内的价值不被对方攫取而损害自己的利益，交易各方会在交易中对林业碳汇需要具备的要素进行重新规定和检查，这将增加额外的交易成本。如果所增加的成本超过可获得的收益，相关交易方就不会选择对这部分要素的攫取行为。

（三）林业碳汇减排量的使用价值要素

使用价值是能满足人们某种需要的商品的效用，是交换价值的物质承担者，是社会财富的物质内容。空气、阳光等自然物以及不以交换为目的的劳动产品可能没有价值，但是必定具有使用价值。目前，林业碳汇的主要需求来自两个方面：自愿减排和强制性减排。前者具有公益性质，出于产权主体自己的社会责任或者环境意识。强制性减限排企业对林业碳汇的使用则要受到相关管理规定和碳排放权交易规则的影响。除了以上两种主要用途，也有部分投资者看重林业碳汇在碳交易市场上的交易前景而主动购买林业碳汇进行储存。随着各国各地区碳排放交易的发展，这些投资者对林业碳汇的需求也相应增加。林业碳汇的使用价值要素具有搜寻品特征，使用者在使用前就可以搜寻各种信息，明确如何通过林业碳汇满足自己的效用。归纳起来，林业碳汇的用途主要包括以下内容：

1. 承担强制减排义务的企业用于抵减相应的碳排放量

这是林业碳汇服务所能提供的最基本的功能。林业碳汇在其形成过程中可以腾出相应的温室气体排放空间，经合格机构核证后转化为一定的 CERs，并经管理部门进行签发。这些 CERs 可以被减排义务承担者使用，部分抵减自己超出排放配额的排放量。虽然这种 CERs 只能使减排者获得一段时间的缓冲期，但是可以为控排企业减轻短期内的排放压力，为其进行节能减排技术的开发和应用、转变生产经营结构和方式赢得宝贵的时间。

林业碳汇产品的这一使用途径能否实现取决于政府管理部门的强制减排政策设计。管理部门必须对可排放总量进行限制，将其转化为排放配额，确定需要承担减排义务的行业或部门。然后，管理部门将配额按各行业和部门的不同需求进行合理的分配。如果行业或部门的排放量超出所分配的配额，它们可以从市场上向其他承担减排义务的主体购买其没有用完的配额，还可以购买包括林业碳汇项目在内的各种增汇减排项目所生成的 CERs。不过为了推动企业开发和利用节能减排技术，实现实质性减排，进而推动生产方式和产业结构的升级转型，管理部门一般均规定使用林业碳汇等项目生成的CERs 不能超出一定的比例上限。这样做的目的是防止承担减排义务的部门大量使用 CERs，规避自己应该承担的减排义务。

目前，我国在北京、上海、天津、深圳、重庆、广东和湖北等七省（市）开展的碳排放权交易试点均有使用核证减排量抵减排放的规定。林业碳汇产生的核证减排量也成为可以用于抵减的工具之一。各地的试点计划都为中国核证减排量预留了 5% ~ 10% 的空间，并且没有规定其中林业碳汇的使用比例，使林业碳汇有加入碳排放权交易试点的可能。

其中，北京市规定在碳排放权交易试点中允许重点排放单位通过项目交易获取 CCER，并可以抵减一定比例的配额，使用比例不得高于当年排放配额数量的 5%，在本市辖区内实施项目所获得的 CCER 需达到 50% 以上。广东省在碳交易试点中对林业碳汇等项目类型制定了"广东省核证（温室气体）自愿减排量"备案规则和操作办法。基于省内项目经国家备案的 CCER，或省内备案的"广东省核证自愿减排量"，可按规定纳入碳排放权交易体系。

控排企业抵减实际碳排放，使用林业碳汇等项目产生的 CCER 不得超过本企业所获年度碳排放权配额的 10%。控排企业上缴 CCER 后，由主管部门报请国家发改委在国家自愿减排交易登记簿中注销。

在使用 CCER 的问题上，上海和湖北规定可以使用 CCER，至于获取方式并未局限于直接来自项目，为通过开发新的交易产品以实现 CCER 的转移提供了可能性。深圳规定 CCER 可以进入碳排放交易环节，碳排放管控单位可以使用 CCER 抵减一定比例的碳排放量。天津规定在上缴碳排放配额时可以通过购买 CCER 抵减不超过 10% 的碳排量。这些试点规定为把林业碳汇纳入我国碳排放交易试点体系提供了政策依据，有利于林业碳汇产权在减排体系中的使用。

2. 用于实现公益性质的自愿减排目标

目前林业碳汇所包含的各要素还很难在产权的市场交易中完全实现其价值。但是，作为典型的生态产品，林业碳汇产品的需求并不仅仅来自追求经济利益或者承担强制减排义务的主体。自愿减排的主体虽然不承担温室气体减排的强制义务，仍然主动通过购买林业碳汇用于部分或全部抵消本企业生产经营过程中的碳排放。随着社会公众对环境问题的日益关注，更多的组织和个人参与到碳中和公益项目中，通过购买林业碳汇抵消自己的碳排放，履行社会责任或宣传自己的公益环保形象，为应对全球气候变化作出自己的贡献。这一用途已成为目前我国使用林业碳汇的重要途径。

典型例子主要有两类：不需要承担减排义务的普通公民通过捐资造林得到一定的碳减排量；一些组织在大型活动中利用林业碳汇中和活动所产生的温室气体排放。这两类主体获取林业碳汇产权的方式有所不同，但是其目的均是为通过植树造林，吸收温室气体，降低温室效应对气候带来的负面影响。两类主体看重的不是自己的减排成本降低了多少，基本上是从保护环境、公益行为的角度考虑，获得一定数量林业碳汇的产权。

林业碳汇项目并不是最常见的增汇减排项目。无论是国际上发展较为完备的京都机制下的 CDM 项目，还是我国目前正在开展的碳交易试点及自愿减排机制，能源型项目在各种项目类型中均占到绝大比例。这类项目由于实现了能源利用的革新而直接减少了温室气体的排放，减排效果比较直观。而且这些项目所形成的减排量一经签发，永久有效。所以，需要利用减排量抵减排放的主体比较青睐这些能源项目。但是，这类项目的实施存在一些限制。比如，技术突破变得越来越难，项目实施的成本不断增加。随着基本的节能技术被普遍采用，减排主体需要使用更为先进的技术进一步减排。这一选择遇到经济发展、社会进步和技术开发的共同制约。

以有色金属行业为例。2006 年，我国有色金属行业总能耗近 9000 万吨 ce(吨标准煤当量)，约占全国能源消费总量的 4%。有色金属行业的高能耗导致其 CO_2 的排放量也较大。尽管近年来，有色金属行业采用了淘汰落后工艺、优化调整产业结构、加强管理和技术改造等措施，使一些主要企业和产品的综合能耗标准不断改善，但我国有色金属行业的节能减排工作形势仍不容乐观。据现有文献研究，近年来我国有色金属行业化石能源燃烧带来的 CO_2 排放量稳中有升，占全国的比重从 1995 年的 1.37% 增加到 2007 年的 2.83%，仅通过技术手段减排无法根本扭转排放上升的趋势。

电力行业是我国 CO_2 的排放大户。据 2009 年中国电力企业联合会统计，电力行业的碳排放量接近我国碳排放总量的一半。我国以火电为主的电力生产结构是导致电力行业 CO_2 排放居高不下的重要原因，全国每年煤炭产量的 50% 左右均用于发电。钟史明(2013)的研究表明，我国 2011 年底全国总装机容量已达 10.56 亿千瓦时，火电容量为 7.656 亿千瓦时，发电量 4.8 万亿千瓦时。与 1978 年 0.439 亿千瓦时的装机容量比，火电装机容量 33 年间翻了 24 倍多。这直接导致我国 CO_2 排放量的急剧增加。电力行业排放量居高不下的原因还来自各部门用电量的迅速增加。经过对纺织、造纸、化工、水泥为主的非金属矿物制品业、钢铁业、有色金属业和电力行业七个行业的统计表明，在保证工业总产值增长速度，以及企业所面对的节能减排压力下，各行业对电力能源的消费量均处于不断上升中。如图 4.2 所示，各行业用电量 2005～2012 年处于不断增长过程中，其中，电力行业本身和钢铁行业的电力消费量高于其他行业，2005～2012 年分别为 3693.54，4163.03，4641.81，4804.88，5079.98，5687.51，6512.12，6566.61 亿千瓦时和 2544.40，3035.87，3717.70，3693.10，4020.52，4611.60，5248.27，5220.52 亿千瓦时。

与能源项目等工业减排项目相比，林业碳汇项目实现温室气体减排不需要大量额外的资金投入，也不存在技术突破的难度增加的问题。只要保证林木的正常生长，减少机械设备使用带来的排放，就可以在林木生长为合格木材的同时实现降低温室气体浓度的目标。这是一种资本节约、环境友好、节能技术要求较低的减排项目形式。从降低温室气体排放的角度看，林业碳汇项目具有工业项目所没有的优势。

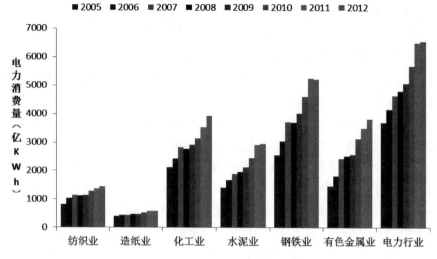

■ 2005 **■** 2006 **■** 2007 **■** 2008 **■** 2009 **■** 2010 **■** 2011 **■** 2012

图 4.2　2005～2012 年七行业电力消费量

数据来源：《中国统计年鉴》

除了以上两种林业碳汇最基本的使用途径，林业碳汇在条件成熟的情况下还可以被用于以下用途：

第一，在二级市场上进行交易。在这一市场上，交易各方对林业碳汇产权进行交易的目的已经不仅仅是使用林业碳汇抵减排放量。交易的目的是为了有效集中和分配资金，调节资金的供求，引导资金的流向，打通储蓄和投资的融通渠道。一般认为，通过二级市场的有效运行，可以对所交易商品实现价格发现和优化配置的功能。因此，目前国外的碳交易过程中，很多金融机构基于配额交易开发了一些金融衍生品，以利用其价格发现、规避风险等功能规范碳交易的运行。

但是，二级市场要顺利运行需要一个稳定的基本市场运作，也就相当于金融市场的一级市场发行。国内林业碳汇的初次分配市场现在还没有形成，在这种情况下就设计各种金融衍生品在二级市场上进行交易可能会导致投机盛行，扰乱基本市场的建立。而且，二级市场要顺利运行需要具有合理的价格、交易的自由、信息的灵通及严密的管理制度。在现阶段，林业碳汇产权的基本交易市场还未形成，这些条件仍不具备。因此林业碳汇产权目前在二级市场上的交易时机尚未成熟。只有林业碳汇在基本市场上的价值得到承认，林业碳汇的需求问题也得到较好解决后，才可以更合理地开发新交易品种，利用二级市场的功能实现林业碳汇更为有效配置，实现林业碳汇的经济价值。澳大利亚和新西兰等发达国家已经在林业碳汇产权运用方面进行了很长时间的实践。即便如此，它们也没有急于建立二级市场，开发和交易各种基于林业碳汇的金融衍生品。当前需要重点考虑的问题仍然是如何把林业碳汇纳入碳排放权的交易体系中，实现利用林业碳汇抵减温室气体排放这一基本功能，而不是开发各种金融衍生工具，对林业碳汇的交易进行脱离实际的炒作。

第二，用于提前储备碳信用。全球气候异常变化使各国对温室气体减排问题无法忽视。虽然《议定书》第二承诺期并未在各国之间达成普遍共识，但是不同国家和地区都在纷纷研究或实施区域性的减排方案。在政策趋紧的大环境下，一些目前还未被要求承担减排义务的行业或企业已经开始着手储备可用于抵减排放量的核证减排量。这部分需求目前比例仍然较小，但也构成林业碳汇产权具有的用途之一。从森林趋势（Forest Trend）2014年的报告中可以看出北美的加利福尼亚州总量控制和交易计划正在形成一个新的强制市场，部分开发商正在观望市场的建立情况，以最大可能地实现自己手中林业碳汇产权的权益。

从以上几种林业碳汇的使用途径来看，无论国外还是国内，目前林业碳汇在节能减排中的作用还没有被充分发挥。这与林业碳汇产权在碳排放权交易体系中的交易条件和使用情况密切相关。比如，根据排放限额的使用规定，林业碳汇作为抵减排放量，其使用要受到一定的比例限制；林业碳汇的非持久性问题使其对潜在使用者的吸引力弱于节能等工业项目形成的核证减排量。由于使用途径受到这类限制，林业碳汇可带来的效用也偏低，直接导致需求不足的现象。这一问题的解决需要合理地将林业碳汇产权纳入到碳排放权交易体系中，才能使减排部门和企业认可林业碳汇的价值。在目前条件还不成熟时，可以从自愿减排为主开始，使企业在参与减排的过程中，未雨绸缪，为未来可能承担的强制减排义务提前了解减排和抵减排放的相关知识。此外，在社会公众参与公益性质减排行动的同时，他们可以逐渐了解林业碳汇项目具有的多重效益对社会可持续发展的作用。这些做法有利于推动林业碳汇顺理成章地成为可进行交易的核证减排量。

（四）林业碳汇的生态服务要素

林业碳汇的生态服务要素来自于其形成过程，主要是指林业碳汇的形成是一个绿色环保的生产过程。这一要素主要体现为在其形成过程中降低了大气中温室气体的浓度，减轻了温室效应带来的负面影响，可以缓解目前日益严重的气候异常问题。林业碳汇的这一要素是森林提供的生态服务功能之一，其使用价值也直接源自于这种功能。之所以过去无法实现这种服务功能的价值是因为缺乏相关的制度设计和技术支持。应对气候变化的国际制度使林业碳汇成为可用于抵减碳排放的资源，并可以通过交易在不同主体间进行配置。此外，科学技术的进步和先进计量手段的发展又不断解决林业碳汇的计量问题。这都使林业碳汇的生态服务要素价值具有了实现的条件。

林业碳汇所具有的生态服务要素在产权界定之前是典型的公共产品，其价值属于置于公共领域中的无偿价值。任何主体都可以对其进行无偿攫取并使用。随着对全球气候变化关注的不断增加，人们意识到温室气体排放空间也具有稀缺性。但是，由于对排放空间使用的排他性一直无法实现，即便在技术上已经可以对其进行准确计量，也无法使其通过交易获得价值补偿。排放空间价值实现的困难导致对林业碳汇的需求不足。尽管林业碳汇产权的界定使林业碳汇的生态服务要素具备排他性使用的条件，林业碳汇产权的主体是否愿意对这种权利进行排他性保护，阻止他人免费享有这种权利，仍会受到产权权利所能带来的效用与保护成本之间关系的影响。只有所带来的效用大于对其进行排他性保护所付出的成本，生态服务要素才能真正为产权主体排他性使用。

林业碳汇产生于森林，是森林提供的生态服务产品中的一种，而且与其他生态服务一样需要森林的存在才能发挥作用。党的《中共中央关于全面深化改革若干重大问题的决定》中正式提出："要紧紧围绕建设美丽中国深化生态文明体制改革，加快建立生态文明制度，健全国土空间开发、资源节约利用、生态环境保护的体制机制，推动形成人与自然和谐发展的现代化建设新格局。"建设生态文明要求建立系统完整的生态文明制度体系，实现以制度保护生态环境的方式，要健全自然资源资产产权制度和用途管制制度，划定生态保护红线，实行资源有偿使用制度和生态补偿制度，改革生态环境保护管理体制。

森林是陆地生态系统的主体，具有多重效益。林业碳汇项目在实施过程中可以同时实现这些效益。除了可以提供具有各种用途的林业碳汇外，林业碳汇项目还提供如生物多样性保护、防风固沙、水源涵养、水土保持等效益。林业碳汇项目的实施还可以提高森林生态系统的稳定性、适应性和整体服务功能，更好地发挥森林的其他多种生态服务功能，实现森林的可持续发展。这不仅可以给当地带来生态效益，还有利于当地民生的改善，为当地提供更多的就业机会。建立美丽中国的生态建设战略要求通过增强生态产品生产能力，提供更多的生态产品。森林丰富多样的生态服务功能都可以生产出相应的生态产品。但是这些生态产品目前大部分都还被置于公共领域内，无法获得合理的价值体现。对利用林业碳汇产权进行研究和实践，部分甚至全部实现固碳功能的生态价值，可以促进产权主体对森林进行可持续经营的积极性，有利于森林提供其他的生态服务，同时还可以为森林其他生态服务的价值实现提供可资借鉴的经验。

综上所述，林业碳汇的构成要素主要由技术要素、价格要素、使用价值要素和生态服务要素组成。林业碳汇具有的这些要素要界定清楚需满足一定条件，并付出相应的成本。根据林业碳汇的产生和交易过程及其特点，参考Stigler(1961)和Nelson(1970)对搜寻商品和体验商品的研究，本书将林业碳汇的相关要素构成及性质总结如下(见表4.3)。

表4.3　林业碳汇相关要素构成及其性质

主要素	具体构成要素	性质
技术要素	(1)基线和额外性 (2)林地标准 (3)计入期 (4)有效性 (5)项目外泄漏	信用品(多次使用后成为经验品)
价格要素		搜寻品
使用价值要素	(1)抵减碳排放量 (2)自愿减排 (3)二级市场交易获利 (4)提前储备碳信用	搜寻品
生态服务要素	(1)降低大气温室气体浓度 (2)与其他生态效应的协同效益	搜寻品

注：搜寻品指购买之前购买者可以检验或观察到其信息的要素；经验品指购买者只有在使用或体验后才可以了解其信息的要素；信用品指购买者即使在使用后也无法获得其信息的商品。

上表林业碳汇的各构成要素中，技术要素是决定林业碳汇产品是否合格的标准。国内外的林业碳汇项目均是通过使用合格的方法学达到合格标准的。生产林业碳汇的项目实施方对这些要素的信息掌握相对充分，而林业碳汇的使用方要掌握这些信息却有一定困难。困难主要表现在对方法学的理解，以及项目实施方使用方法学的监督上。林业碳汇的使用方如果自身没有对方法学有很深研究，或者没有寻找合格的第三方机构咨询，即便使用了林业碳汇也无法确定其是否是完全合格的产品。如果使用方多次使用林业碳汇，则对其了解会越多，林业碳汇是否合格的信息对使用方也更加透明。因此多次使用后，这些要素具有经验品的特征。

价格要素、使用价值要素和生态服务要素均是使用方在获取林业碳汇前就可以了解的内容。只有使用方认为这些要素能够满足自己的需求，才会付出相应费用获取林业碳汇的产权。因此，这三个要素具有搜寻品的特征。但是由于林业碳汇使用途径目前存在的诸多限制，完善的市场交易机制也没有形成，价格要素信息的获取要花费相当的成本。生态服务要素信息的获取则与林业碳汇产权的技术要素密切相关，只要使用方可以确认方法学得到了严格遵守，就可以确定自己所获的林业碳汇已经具备了这一要素。

第三节　林业碳汇产权的权能

任何财产的权利都由两个基本内容构成——权能和利益。权能是产权主体对产权客体的权力或职能，是带有产权主体意志的行为，回答的是"产权主体必须干什么，能干什么"。产权的利益是产权对产权主体的效用或带来的好处，是一个享受、享用或获取的问题，回答的是"产权主体必须和能够得到什么"。权能和利益相互依存，内在统一。林业碳汇产权利益的实现，要求产权主体行使相应的产权权能。产权权能的特点直接关系到林业碳汇的使用和效用实现。下面对林业碳汇产权所包含的占有、使用、收益和处分这四项基本权能进行分析（见表4.4）。

一、占有权能

林业碳汇产权的占有权能指的是权能所有者对林业碳汇能够进行实际掌握和控制的权能。林业碳汇与普通商品不同。无论是森林吸收的 CO_2 的数量，还是由此而获得的温室气体排放空间，人们仅靠自己的感官是无法掌控的。这使产权主体在行使占有权能时常有无从下手的感觉。因此，产权主体要实现对林业碳汇这一无体物的实际控制，需要先对林业碳汇进行专业的生产、计量、监测、核证和注册登记过程。在经过管理部门认可的合格经营实体进行专门的审定、核证后，产权主体才可以确保所控制林业碳汇（排放空间）的真实存在。这些过程需要付出成本，一般需要通过产权的交易得以收回。林业碳汇的产权主体通过受法律保护的合同约定及其他合法手段获得林业碳汇产权后，就实现了占有权能。不过，产权主体行使占有权能往往并不是其获得产权的目的，而是行使使用、收益和处分权能的前提。其他权能的行使都与占有权能有密切关系。占有权能将影响到产权其他权能的行使及实现。

二、使用权能

林业碳汇的使用权能是指权能所有者在保持林业碳汇原有属性的前提下，根据林业碳汇所具有的原有性能和用途加以利用的权能，也就是对林业碳汇所提供的温室气体排放空间进行使用的权利。林业碳汇的使用权人如果没有占有权能，则必须获得占有权人的授权才可以顺利行使使用权能。林业碳汇形成的核证减排量目前具有以下三个基本用途：（1）在相应法规政策要求下，用于抵减强制减排企业碳排放量，以实现应对全球气候变化背景下的碳减排目标。（2）不受强制减排约束的自愿减排者购买后，用于部分或全部抵消本企业生产经营过程中的碳排放，实现碳中和目标。（3）获得林业碳汇不为抵减排放，只是出于支持公益事业对林业行为提供资金支持。第一类用途的主体主要是依据《议定书》规定需要承担强制减排义务的附件Ⅰ国家及其企业或机构。

目前，林业碳汇的使用受到一些限制。对附件Ⅰ国家来说，依据《议定书》规定，可以使用一定比例的林业碳汇 CERs 抵减自己的排放量。但是，林业碳汇自身具有的一些特点令使用者在选择时更多考虑工业减排项目所产生的 CERs。首先，林业碳汇使用受计入期条件影响。使用者可以使用短期 CERs（最长有效期 10 年）和长期 CERs（有效期 20—60 年）抵减自己的排放量。计入期过后，使用者最终仍需通过技术手段实现实质性减排，或使用其他增汇减排项目产生的 CERs 来替代由于超过计入期而失效的林业碳汇 CERs。其次，林业碳汇面临一定的碳逆转风险。由于林业碳汇项目的项目周期一般较长，容易受到自然风险和人为风险的影响。如果出现大面积的林木损失，林业碳汇 CERs 的有效性也会受到影响。对自愿减排者和公益行为参与者而言，以上特点对其行使林业碳汇产权的使用权能影响不大。这两类产权主体获取林业碳汇产权的目的主要是履行自己的社会责任，中和自己的碳排放，不需要承担强制排放的相关义务。因而该类主体目前使用林业碳汇的限制较小，数量较大。然而，承担强制减排义务的产权主体则必须考虑林业碳汇减排量的特点是否符合所在地区减排机制的管理规定。

三、收益权能

林业碳汇的收益权能是权能所有者获取林业碳汇产生的新增利益的权能，其本质是从实现产权的价值中获取增值收益。林业碳汇产权的收益权能与林业碳汇的使用权能有紧密关系。使用权能使林业碳汇产权主体可以直接使用林业碳汇减排量，以较低成本满足自己的降低排放、减缓气候变化的需要。收益权能使产权主体可以通过林业碳汇产权的转移，以货币报酬的方式满足自己增加收入、利益最大化的需求。林业碳汇的使用途径越通畅，对其需求也越大，价值更能得到体现，通过行使收益权能可获得的增值收益也越大。

林业碳汇的收益权能目前是残缺的。首先，现阶段林业碳汇的使用还不普遍。因此，林业碳汇的需求主要来自自愿减排市场，收益存在较大的不确定性，导致其价值较低。最明显的表现是随着《议定书》第一承诺期的结束，京都市场上的碳价和交易量均出现明显下跌。自愿市场上的林业碳汇交易量虽然在增加，但是其价格也出现一定幅度的下降。一些国际的主要碳交易市场（如在欧盟排放贸易计划下形成的碳交易市场）还不接受林业碳汇核证减排量。我国碳排放权交易试点开始不久，对林业碳汇项目及其他自愿减排项目形成的自愿减排量虽然留出 5% ~ 10% 的使用空间，但由于工业减排项目数量多、减排量大，到底有多少林业碳汇 CCER 能进入交易，目前还是未知数。

其次，林业碳汇具有公共产品属性和正外部性，没有对温室气体排放空间的总量控制及排放配额管理就无法实现其排他性使用，其稀缺性的价值也无法得到体现。然而，配额的过多分配将导致约束力较差，碳交易的原始推动力不足。林业碳汇的价值很难充分体现。配额过少又会直接影响经济发展的进程。

最后，需求不足影响收益权能的实现。产权主体要行使收益权能以获得增值收益需要进行产权的转移或者交易。但是前述林业碳汇使用中存在的问题导致目前有效需求的不足。因此，虽然林业碳汇的供给正在逐步规范，但林业碳汇的交易机会稀少，交易规模增加较慢，交易成本也居高不下。

四、处分权能

林业碳汇的处分权能是权能所有者依法对林业碳汇进行处置，对其进行最终处理的权能。它包括对林业碳汇产权事实上的处分和法律上的处分。在国内外现有相关规则的规定下，事实上的处分指获得林业碳汇形成的 CERs 后，产权主体行使使用权能，即或者将其上缴到管理部门履行自己的减排义务，或者直接用于自愿减排和碳中和目标，同时在林业碳汇产权登记注册的管理部门注销相应 CERs 的事实行为。法律上的处分包括依法变动林业碳汇的产权或者为他人创设其他权利并承受相应的权利负担。前者表现为林业碳汇产权主体不把所形成的核证减排量用于抵减排放量，而是经过产权的转移或交易，在法律上将林业碳汇产权转让给其他产权主体的行为。后者主要指金融部门以林业碳汇为基础进行金融产品创新，形成新的权利义务关系。林业碳汇的处分权能直接受到使用权能和收益权能的影响，如果产权主体不能顺利行使后两种权能，就无法行使处分权能完成对林业碳汇的最终处理。

表4.4 林业碳汇产权权能分析

权能	含义	限制
占有	对林业碳汇进行实际掌握和控制。	需要专业的审定核查报告保证其真实性。 需要管理机构对产权的归属进行登记管理。
使用	权能所有者在保持林业碳汇原有属性的前提下，根据林业碳汇所具有的原有性能和用途加以利用的权能，也就是对林业碳汇所腾出的温室气体排放空间进行使用。	(1)计入期条件。 (2)碳逆转风险。
收益	获取林业碳汇产生的增值收益。	(1)使用受限。 (2)稀缺性价值需要相关政策和规定的制定实施才能体现。 (3)需求不足使交易转让不易实现。
处分	(1)事实上的处分：行使使用权能对所获得的 CERs 进行使用，并在产权登记部门注销所用 CERs。 (2)法律上的处分：依法变动林业碳汇的产权或者为他人创设其他权利并承担相应的权利负担。	(1)事实上的处分受林业碳汇使用规定制约。 (2)法律上的处分受使用权能和收益权能的制约。

从以上对林业碳汇产权主要权能的分析中可以看出，林业碳汇产权的各种权能存在相互促进和相互制约的关系。理论上说，这些权能既可以归属于同一个主体，也可以由不同主体分别拥有。但是，在林业碳汇交易还处于发展的初级阶段，目前还没有具备产权中不同权能发生分离的条件。对林业碳汇的使用目前基本上类似于消费品，林业碳汇在使用后即被消耗，并应在管

理机构处进行产权转移的登记，或者用于抵减排放后加以注销。这意味着，林业碳汇产权的不同权能属于同一产权主体才能顺利实现其权益。在现阶段，林业碳汇产权主体需要拥有完整的产权才能顺利使用林业碳汇使自己的利益得到实现。

第四节　林业碳汇产权界定的主要内容

产权界定指国家依据法律规定划分财产的所有权和经营权等产权权能的归属，明确各类产权主体行使权利的财产范围及管理权限的一种法律行为。产权界定不仅局限于明确产权权能的归属，还要明确产权针对的客体究竟包含哪些内容，以及产权主体可以利用产权做哪些事。也就是要明晰产权是什么？属于谁？拥有者可以做什么？由谁管？等问题。可见，林业碳汇产权的界定包括以下几个重要部分。

一、符合法律规定

我国目前还没有专门针对林业碳汇权属的法律规定。但是，产权与物权存在许多相似的特点，其界定可以参考《物权法》中的规定。我国物权法针对动产和不动产的所有权、用益物权和担保物权的设立进行了专门规定。其中第六条规定："不动产物权的设立、变更、转让和消灭，应当依照法律规定登记。动产物权的设立和转让，应当依照法律规定交付"。由此可知，依据《物权法》规定，要确立财产权利需要通过法律法规承认的程序进行登记管理。此外，财产权利的登记管理要在专门的登记机构办理，才能得到法律的承认。比如，《物权法》中规定"不动产物权的登记，由不动产所在地的登记机构办理。国家对不动产实行统一登记制度。统一登记的范围、登记机构和登记办法，由法律、行政法规规定。"目前，我国林业碳汇产权的登记管理部门主要有国家发改委和国家林业局等相关部门。如果要参与国家碳交易试点，林业碳汇产权需要与国家发改委管理的国家注册平台相对接。其他用途的林业碳汇产权要得到顺利确权也需要一个公认的权威管理机构进行登记管理，才能保证产权的安全性和可靠性。林业部门作为林业生产的管理监督部门，在管理林业碳汇产权过程中具有很明显的优势，可以从技术和管理上保证林业碳汇产权得到清晰界定。

二、确定产权主体

林业碳汇的产权主体由林业碳汇的相关利益者组成。这些相关利益者出于不同的利益诉求参与林业碳汇产权的配置。在合法获取林业碳汇产权后，这些主体将所获得的林业碳汇用于满足自己的效用需求，通过以各种方式使用林业碳汇实现自己的目的。值得注意的是，由于林业碳汇形成的专业性和构成要素具备的特点，产权主体往往需要专门的机构对产权的确认、转移和使用提供安全保证。这一过程应该有经过专业资质认定的审定和核证机构参与。

三、明确客体范畴

林业碳汇在经过项目设计、项目审定、项目注册、项目实施、项目监测、项目核证及减排量签发的环节后，成为可以独立于林木而存在的产权客体。这一客体与林业活动产生的其他实物产品相比具有其特殊性。这些特殊性决定了林业碳汇是否可以成为能独立交易或转移的客体，并被用于交易或抵减排放量等用途。

除了林业碳汇本身，产权的各种权能也可以成为交易的客体，各种权能甚至可以在条件适当时出现分离。产权权能的分离使其可以归属于不同主体，有利于林业碳汇得到更好地利用。实际上，林业碳汇的使用和事实上的占有已经出现分离的现象。林业碳汇的物质载体林木和土壤等一直由林地的所有者或经营者实际控制，林业碳汇的产权主体一般仅通过协议方式约束他们的行为以保证林业碳汇符合有效性要求。

四、明晰产权各种权能及其归属

明晰产权权能及归属既要对林业碳汇产权的各种权能进行划分，并明确其归属；也要使产权主体愿意参与产权的博弈以实现产权权能的归属。这就需要针对影响权能实现的障碍进行分析，针对产权主体参与博弈的动机进行利益激励机制的设计，满足产权主体的利益诉求，减少或消除产权权能实现中存在的障碍，才能调动产权主体拥有林业碳汇产权的积极性。

第五章　公益性林业碳汇项目中的碳汇产权

　　公益性行为不以获得经济利益为目的，其主要目标是满足社会公众利益。本章中所指的公益性林业碳汇项目，是指利用捐资方捐赠的公益性质的资金，通过造林和森林经营增加森林面积、提高林分质量，以此实施增加碳汇，实现保护生态及增加社区收入为目的的项目。公益性林业碳汇项目的具体运作包括企业、团体或个人捐资到公募基金会或者委托公益机构和组织，按照可以清晰计量林业碳汇的技术标准体系实施的营造林项目，或者实施抵消排放者所排放温室气体的碳中和等项目。公益性林业碳汇项目的利益相关者之间存在特殊的关系，即捐资方捐资的目的不是通过实施项目获得经济收益，而是为了通过项目实施带来社会效益和环境效益，履行自己的社会责任。

　　京都规则林业碳汇项目是在《议定书》框架下，按照 CDM 项目的方法学要求开展的造林再造林项目。这类项目以获得可交易或者可用于履行《议定书》规定减排义务的林业碳汇核证减排量为目的。投资者在林业碳汇产权转移时，可以从购买方获得一定收入。这类项目在过去几年一直处于有行无市、发展缓慢的地步。目前，该类项目在我国的发展也遇到较大困难。

　　与之相对应的是，随着社会公众环境保护意识的加强，捐资造林的力度却在不断提高。这在一定程度上缓解了实施林业碳汇项目存在的资金紧缺问题，使我国公益性林业碳汇项目的发展比京都规则项目更为迅速。我国的公益性林业碳汇项目主要是由碳基金为主的公益组织加以实施，碳基金在实施项目的过程中遇到一些有代表性的林业碳汇产权问题。因此，本章侧重研究碳基金实施项目中的情况，通过对公益性碳汇造林项目的林业碳汇产权配置方式进行设计，利用实施项目所获得的林业碳汇产权作为激励手段，与捐赠主体建立长期友好的合作关系，使项目资金来源趋于稳定，同时也有助于吸引新的捐赠主体参与林业碳汇项目，扩大资金来源，以便从数量上和质量上提高项目的实施水平。

第一节 国外碳基金与林业碳汇项目

碳基金是在《议定书》框架下为促进低碳经济而衍生出来的金融"工具"。最初是一些国家、地区和金融机构为推动国际碳交易活动,实施一些合适的项目,推动全球减少温室气体排放而设立的融资渠道。随着国际碳交易的发展,碳基金从一种临时工具逐渐发展成为一类单独存在的组织,受到各自所在国家法律的约束和管理并有其自身独立的章程。在法律及章程的框架下,碳基金组织利用筹集到的资金从事与基金的宗旨相一致的活动。碳基金在全球范围内开展减排或碳汇项目,并购买或销售从项目中所产生的,计量清晰且真实的核证减排量,从而促进碳市场的发展。近几年,碳交易市场不断发展变化,碳基金关注的已经不仅局限于京都市场这样的规范市场,自愿市场也成为其关注的对象。目前,碳基金已经成为碳金融衍生链上的重要一环,是国际碳金融交易市场中十分重要的机构投资者。它的日常运作不仅涉及碳核证减排量的购买和销售,还可以对相应碳减排项目提供投资和咨询等业务,对提高项目的成功率起到重要作用。

碳基金的类型丰富,成立目的各有侧重。例如,世界银行管理的 14 支碳基金的资金规模已经超过 25 亿美元。在这些碳基金中,4 支特别碳基金旨在培育京都机制下碳市场的形成和发展,它们分别是原型碳基金(PCF)、社区发展碳基金(CDCF)、生物碳基金(BioCF)和伞形碳基金(UCF)。6 支国别基金旨在帮助相关工业化国家和地区履行《议定书》下的减排目标,具体包括荷兰清洁发展机制基金、荷兰欧洲碳基金、意大利碳基金、丹麦碳基金、西班牙碳基金和欧洲碳基金。此外,还有旨在为 2012 年后的碳金融进行示范和探索的 4 支基金,分别是市场准备伙伴关系基金、低碳发展倡议基金、森林碳伙伴基金和碳伙伴基金。除了上述世界银行管理的碳基金外,其他国际组织和主权国家也设立了一些碳基金,如亚洲开发银行设立并管理的未来碳基金、英国设立的英国碳基金等。

林业碳汇具有非持久性特点,而且森林的生长周期较长,容易面临自然和人为灾害带来的风险损失。此外,按照 CDM 项目的方法实施林业碳汇项目程序复杂、交易成本较高,因此,碳基金的出资者更倾向于获得工业类减排项目产生的 CERs。目前,只有较少几只碳基金接受林业碳汇项目和项目产生的 CERs,比如世界银行参与设立和管理的生物碳基金及森林碳伙伴基金，加拿大 BC 省成立的 PCT、法国的 CDC 森林碳基金以及我国成立的中国绿色碳汇基金会设立的一些碳基金等。但是，由于对经济、环境可以带来的综合效益，林业碳汇项目始终受到各种投资主体的越来越多的关注。碳基金参与林业碳汇项目的目的也不仅局限于受出资方委托获得林业碳汇产权，还包括：第一，利用林业碳汇降低温室气体浓度以应对全球气候变化。第二，保护生物多样性及森林生态系统的稳定。第三，推动社会公众提高自身环保意识。第四，促进项目实施地区的可持续性发展。第五，对林业碳汇项目实施方式的示范和探索提供支持等。

碳基金在林业碳汇项目开展中要发挥更大作用，其所面对的林业碳汇产权问题的解决十分重要。没有产权纠纷的林业碳汇项目才能使碳基金的出资者明确自己的出资得到了适当地运用，同意参与项目实施，为林业碳汇项目提供所需的资金。本节以下内容将先对国外几只碳基金的资金运作模式加以介绍，并进一步分析森林碳伙伴基金在实施项目中出现的林业碳汇产权问题。

一、国外碳基金的运作模式

国际碳基金对其资金的运用及处理由于核证减排量这一特殊产品的出现具有了和其他基金不同的新特征。碳基金的资金来源主要是各国政府和公共部门，也有部分来自有一定经济实力的企业或组织。这些出资人的出资目的各有不同，其希望获得回报的方式也各异。履行强制减排义务的主体出资碳基金的目的是获得可用于抵减排放的 CERs。不履行强制减排义务的主体出资碳基金的目的则呈现多样化特点，包括投资核证减排量获取经济收益，购买核证减排量支持造林，或者出于公益目的无偿地资助减排增汇项目，帮助实现低碳环保的经济发展等。具体来说，国际碳基金的运作具有以下特点。

1. 国际碳基金的融资方式多样化

获得资金是碳基金运作的基本前提，目前碳基金的融资方式较多，主要有以下三类：

（1）由政府出资。政府出资成立的碳基金可以由政府或其委托方管理，也可以进行企业化管理。前者如加拿大 BC 省 2008 年成立的太平洋碳信托基金（PCT）。后者如英国 2001 年成立的英国碳基金。太平洋碳信托基金的启动资金直接来自政府拨款，通过购买合格的碳汇产权帮助公共部门实现碳中和目标。英国碳基金的主要资金来源是英国气候变化税，一般需要国会进行审议并通过。该基金目前在积极寻求其他资金来源，特别希望获得私人资本、慈善机构和国外投资者的关注。

（2）由政府和非政府组织共同出资。目前大部分碳基金都采用这种形式。世界银行管理的碳基金大多是由不同实体出资建立。如2000年4月开始运行的原型碳基金就是由6国政府和17家公司出资组建的。与林业碳汇相关的两只基金：生物碳基金及森林碳伙伴基金采取的也是这种形式。生物碳基金由两个份额组成，出资人有政府或公共机构、社会组织、私人公司等。第一份额资金规模5380万美元，参与者包括冲绳电力公司、东京电力公司、意大利政府、加拿大政府等不同出资人。第二份额资金规模3810万美元，参与者包括法国开发署、英国共识企业集团、爱尔兰政府等出资人。森林碳伙伴基金中又包括准备就绪基金和碳基金，前者主要接受部分欧盟国家及澳大利亚、加拿大和日本等发达国家的政府捐赠；后者的主要捐赠人除澳大利亚、加拿大、美国等政府之外，还包括私营部门和非政府组织，如BP科技风险投资公司、大自然保护协会等。

（3）企业自行出资。自行出资成立碳基金的企业一般是电力公司等高耗能企业。这些企业面临巨大的减排压力。通过碳基金的运作，他们可以优化自己碳信用的组合，降低自己的减排成本或从中获取收益。此外，也有出于财务目的的投资者建立碳基金以获取利益。如法国德克夏信贷银行成立的德克夏碳基金，其规模为1.5亿欧元，基金主要投资南美洲和印度的CDM、JI项目与自愿减排项目。

2. 国际上碳基金的资金运作方式灵活多样

碳基金的根本目标是为应对全球气候变化提供资金和技术支持，通过经济手段降低减排成本，以更好实现减排目的。除了购买核证减排量和交易配额等基本方法之外，碳基金还直接参与项目的运作。由于目前实施项目地较多集中于欠发达的国家和地区，部分碳基金甚至会为项目无偿提供资金的使用。如森林碳伙伴基金下的准备就绪基金，以拨款的方式帮助参与国进行REDD＋的能力建设，并对这一过程提供技术支持。甚至在正式开始能力建设前，准备就绪基金就可以提供20万美元的工作经费，以便东道国完成《准备就绪计划项目建议书》。在东道国提交《准备就绪综合报告》后，合格的申请国就可以获得360万～380万美元的资金，实施建议书中提出的各项活动以达到准备就绪水平。

碳基金的管理机构可以利用自己丰富的碳管理经验更好地为公共部门或

企业提供咨询服务，为节能减排及相关企业提供技术支持，更有效地推动节能减排工作的开展。如英国碳基金这一机构就面向英国所有企业和公共部门提供咨询服务，帮助企业提高其可持续发展能力，使企业及其供应链上的合作伙伴实现碳减排并节约成本。该机构对公共部门提供的服务主要是以能力建设项目的方式提供碳管理支持。自 2002 年起，英国碳基金每年对所收到的应用研究进行三次公开选拔。这三次选拔对所有研究组织和可以实现节碳目标的技术领域开放。对于选中的研究项目，基金将给予资金和商业化运作方面的支持。同时，英国碳基金还为中小企业购买提高能源效率的设备提供无息贷款。自 2003 年起，基金已经提供了约 8 千万英镑的无息能源效率贷款，减少了 50 多万吨 CO_2 的排放。此外，英国碳基金还推出了自己的碳足迹标准认证，目前经过该标准认证的货物年销售总额已经超过了 30 亿英镑，获得了国际社会的认可。

由于其所具有的资金优势，碳基金在投资项目时可以进行投资组合的配置，以减小投资风险对出资方的负面影响。法国的 CDC 森林碳基金于 2011年开始运行。基金的目标投资项目数为 20~30 个，在投资时采用了多元化的指导方针，具体包括地域多元化、技术多元化和交易对象多元化。地域多元化指的是投资项目要涵盖热带和温带地区的林业项目。技术多元化指的是投资项目的类型涵盖了避免毁林(不超过减排总量的 2/3)、再造林以及改善森林经营三种类型。交易对象多元化指的是单个项目或交易的对象在投资组合中的比例不能超过 20%。通过以上投资组合配置的规定，法国 CDC 森林碳基金发挥自己资金雄厚的优势，在给投资者带来收益的同时有效降低了其投资风险。

3. 碳基金的收益分配有其特殊性

除了获得一般的货币收益外，碳基金获得的收益还可以用碳信用形式表示。碳基金在收益分配时可以依据出资方的要求采取不同的分配方式。世界银行管理的生物碳基金代表投资者从发展中国家实施的林地或农地项目购买碳减排量。投资者可以选择用这些减排量抵减《议定书》下的强制减排义务，也可以将碳减排量用于市场交易，或者将这些减排量留给项目实施方处置，使项目对实施方更有吸引力。英国碳基金的投资目标中不包括购买碳信用，其投资收益表现为货币形式。由于英国碳基金属于不分红的私营担保有限公司，基金所得收益不能向其成员进行分配，所以收益全部用于再投资。

综上所述，国际上几只碳基金的资金运用情况总结见表 5.1。

表 5.1　国外部分碳基金运作情况

基金		筹资	投资	收益分配
森林碳伙伴基金	准备就绪基金	澳大利亚、加拿大、丹麦、芬兰、法国、德国、意大利、日本、挪威、西班牙、瑞士、英国、美国等国政府捐资2.58亿美元。	(1)以拨款方式帮助参与国REDD+的技术支持和能力建设，为REDD+做准备。 (2)提供完成《准备就绪计划项目建议书》的工作经费（20万美元）。 (3)审核《准备就绪综合报告》，合格的申请国可以获得360万~380万美元，以实施建议书提出的各项活动以达到准备就绪水平。	不获取收益或林业碳汇产权，类似公益性行为。
	碳基金	欧盟、澳大利亚、加拿大、美国等7国政府及BP科技风险投资公司、气候诊所、大自然保护协会等私营部门及非政府组织捐资3.9亿美元。	将选择5个符合条件的国家，通过与之签订减排计划支付协议购买核证减排量。	还未实际购买。购买后将按出资人出资比例分配，以抵消其《议定书》下的义务，下设两个份额。
生物碳基金		政府和公共机构及私人公司共同出资，份额一5380万美元，份额二3810万美元。	以购买减排量的方式提供资金，向开展项目的发展中国家提供资金和技术，帮助其运行CDM项目及其他项目。	购买在发展中国家林地或农地实施碳汇项目产生的碳信用，并按照基金份额配置给资金投资者。
英国碳基金		英国的气候变化税以及国会通过的政府预算。 从私人资本、慈善机构和外国投资者处寻求其他资金来源。	(1)对企业及公共部门提供碳管理支持。 (2)为中小企业购买节能设备提供无息贷款。 (3)支持有减排潜力但存在资金障碍的应用技术开发及商业化。 (4)发展低碳企业。 (5)提供碳基金标准认证的碳足迹标签。	不分红的私营担保公司，所有利润都进行再投资。
法国CDC森林碳基金		法国信托银行子公司CDC Climat和Orbeo公司共同捐资设立。	计划投资组合为20~30个项目，投资方针为地域、技术、交易对象多样化。	收益分配具有灵活性，可以分配碳信用也可以分配现金。

　　以上几支碳基金代表了碳基金运作的一些基本模式。总的来看，国际上的碳基金作为一种筹集资金应对气候变化的筹资渠道，可以采用不同的方式。有的碳基金出资直接或间接参与温室气体减排项目达到应对气候变化的目的，有的碳基金出资购买真实合格的温室气体减排量达到基金建立的目的，有的碳基金支持相关的科研工作提高项目实施水平，有的碳基金为企业

或机构提供减少排放的咨询服务帮助其实现减排目的，有的碳基金致力于减排机制的建立和实践以探索更好的减排模式。那些直接或间接参与温室气体减排项目，或购买温室气体减排量的碳基金可能参与林业碳汇项目，或者购买签发给林业碳汇项目的核证减排量。此外，由于林业碳汇项目实施过程中具备的良好的环境效应和社会效益，国际上从事公益行为的一些基金虽然不是碳基金，也对项目进行支持。比如，全球环境基金在中国的治理土地退化项目就在内蒙古自治区建立了森林碳汇项目的试点。目前，与林业碳汇有关的碳基金主要是在 REDD + 机制下和 CDM 机制下开展林业碳汇项目的实施和研究工作，其中世界银行管理的森林碳伙伴基金是与 REDD + 机制结合较为紧密的碳基金。

二、森林碳伙伴基金运作中的林业碳汇产权问题

森林碳伙伴基金(Forest Carbon Partnership Facility，下简称 FCPF)成立于 2008 年 6 月，它是一个由政府、企业、民间团体和原住民组成的全球性合作组织。该组织致力于在发展中国家推行 REDD + 计划。FCPF 目前与 36 个发展中国家签署了参与协议(13 个非洲国家、15 个拉美国家和 8 个亚太国家)，拥有 18 个资金捐赠方(包含发达国家、私营企业参与者和一家非政府组织)。

FCPF 的成立主要为了实现以下几个目标：(1)对合格的 REDD + 国家提供资金和技术支持，帮助其通过减少毁林和森林退化的活动实现减排，并协助这些国家建立将来从 REDD + 激励机制中获益的能力。(2)试点基于绩效对 REDD + 活动产生的减排量进行支付的体系，并关注其后的公平分配，推进将来对 REDD + 活动的大规模激励机制。(3)在 REDD + 范围内力图维持和加强当地社区的生活水平。(4)分享基金发展及实施准备计划与减排计划的经验。

FCPF 有两个目的不同但相互补充的专项基金：准备就绪基金和碳基金。截止到 2013 年，两个基金共募集到 6.48 亿美元资金。准备就绪基金旨在支持参与国开发 REDD + 的战略和政策、确定参照排放水平(类似于 CDM 项目中的基线确定)、研究建立三可(可计量、可报告、可核查)标准体系，以及管理 REDD + 的制度建设(包括环境和社会保障措施)。准备就绪基金于 2008 年开始运作，已筹集资本约为 2.58 亿美元。

经过准备就绪阶段后，经评估合格的国家可以在自愿基础上申请加入碳基金。碳基金旨在对通过准备就绪阶段的参与国进行基于绩效水平的支付试

点。基金于 2011 年开始运作，已筹集资本约为 3.9 亿美元。碳基金是 REDD + 项目利益实现的重要组成部分，但是目前 FCPF 的碳基金支付试点进展较慢。FCPF 预计到 2015 年能与 5 个项目实施国签订减排量购买协议（Emission Reduction Purchase Agreement，下简称 ERPA）。在 REDD + 项目国和参与碳基金的出资方同意后，项目国就可以与世界银行签署 ERPA。当项目国产生的 CERs 经过合格第三方的核证后，碳基金就可以将购买 CERs 的资金付给项目国，将 CERs 交给出资方。不过到 2013 年为止，仅有哥斯达黎加一国签署了销售意向书。因此 FCPF 进行支付以获得林业碳汇产权的阶段还没有正式开始。

自成立以来，FCPF 利用准备就绪基金向参与准备就绪阶段的国家提供项目准备和项目实施阶段所需资金，协助其通过实施 REDD + 项目获得合格的林业碳汇产权。但是，FCPF 在项目实施过程中注意到仅把林业碳汇产权资源配置到国家层面存在一定问题。Chhatre 和 Agrawal（2009）在其研究中调查了 10 个热带国家的 80 个森林社区。该研究表明，实现碳储存和民生利益双赢的目标受到一些重要因素的影响。这些因素包括：项目实施当地的所有权状况、更多的自主决策权以及更大的森林规模。在对保护区和社区经营森林进行系统性评价研究后，Porter 等（2011）进一步证明了上述研究结果。REDD + 项目主要是通过保护当地现有森林获取林业碳汇产品。参与国家在进行林业碳汇产权的分配时，应将林业碳汇产权与土地或森林的所有权结合起来考虑，在进行利益分配时尽量考虑到不同相关利益方应获得收益的合理性，尽量使创造良好环境的地区、企业或个人主体获得林业碳汇产权及相应权益，以保证相关利益方获得足够激励，使 REDD + 项目得以顺利实施。

从各国提交的《准备就绪计划项目建议书》中可以看出部分国家在项目设计阶段就注意到了林业碳汇产权的问题。比如，柬埔寨的森林几乎都是国家资产，因此在申请加入准备就绪基金的建议书中，规定所产生的林业碳汇大部分归属于国家，少部分由土著居民和私人林木所有者依据其所拥有林木比例而获得。

智利在界定 REDD + 项目所形成的林业碳汇产权时，援引了其《民法典》（Civil Code）第 643 条的规定：财产所形成的产品，无论是自然获得还是法定获得，都属于财产所有者。在智利，碳汇被归类为森林的天然产品，因而其产权属于森林资源的所有者。不过智利的森林资源所有权比柬埔寨复杂，约 60% 的人工林为大公司所有，其余人工林为中小型土地所有者拥有。天然林主要也是私人占有，很大部分属于中小规模的林地所有人。政府管理的390 万公顷天然林属于国家的野生动物保护区。这种森林资源的所有权状况直接导致智利林业碳汇产权主体构成的复杂性。不同产权主体根据对森林资源的所有关系，围绕林业碳汇形成各种复杂的产权关系。

泰国对 REDD + 项目实施中产生的林业碳汇产权没有进行明确的规定，但是管理部门也认为林业碳汇产权与森林的拥有者和经营者密切相关。在泰国，大部分国有林地最终由国家自然资源和环境部（MONRE）对林地进行实际管理。但是，这些林地的经营权却由不同的机构拥有和行使。地方层面也存在同样现象，林地在地方政府控制前提下由很多机构进行实际经营。此外，林区的贫困农民和少数民族对森林严重依赖。因此，在泰国配置林业碳汇资源时需要考虑三类关键主体的利益：中央和地方各级政府机构、依赖森林的林区和少数民族、私营部门和非政府组织。林业碳汇的产权关系主要应该围绕这三类主体构建。只有协调好三方的关系，才能保证各主体在项目实施过程中满足各自利益，从而使项目顺利实施具备良好条件。

从以上几国对 REDD + 项目中林业碳汇产权的相关规定或观点可以发现，这些国家普遍认为林业碳汇产权与其林地、林木的所有权关系应该保持一致。但是，这些国家也认识到，林地和林木所有权的复杂性对林业碳汇产权的明晰产生了很大影响。在界定和配置林业碳汇产权时，仅依据林地林木所有权的归属也带来很多问题。此外，各国均意识到，林业碳汇产权的问题与项目实施的效果关系密切，林业碳汇产权安排中兼顾各不同主体的利益将有利于项目的顺利实施。

从 FCPF 运行情况的介绍中可以看出，在准备就绪阶段，FCPF 类似于从事公益性行为。出资的目的是帮助项目参与国在 2008—2012 年完成项目的前期准备和能力建设，包括建立项目运行框架和监管体系。FCPF 在这一阶段没有从所支付资金中获取收益。东道国利用 FCPF 提供的资金达到准备就绪水平。通过实施 REDD + 项目，东道国获得项目实施所产生的林业碳汇产权，准备对产权或其收益进一步分配。在此之前，东道国应先保证所拥有的林业碳汇产权清晰，不会给潜在购买方带来产权纠纷。在此基础上，FCPF 才能顺利进入绩效支付阶段，通过碳基金对林业碳汇减排量的购买承认 REDD + 项目的实施成果。

第二节 我国公益性项目中的林业碳汇产权

一、利益相关者分析

利益相关者在企业中指的是可以影响组织行为、决策、政策、活动或目标的人或团体，或是受到组织行为、决策、政策、活动或目标影响的人或团体。在公益性林业碳汇项目中，利益相关者指那些与公益性林业碳汇项目实施有密切关系的个人、团体或机构，主要可以分为捐资方、接受捐资方、项目实施方和项目的受益人。这些利益相关者在公益性林业碳汇项目实施过程中，直接或间接对项目产生正面或负面影响。

我国公益性林业碳汇项目在筹资阶段和项目实施阶段有不同的利益相关方。这些利益相关方在参与项目时有不同的利益诉求。在资金筹措阶段，与项目有关的利益相关方主要是捐资方和接受捐资方。捐资方包括企业、个人或其他主体。捐资方捐赠资金的目的主要是履行社会责任，通过捐助林业碳汇项目提高整个社会的福利水平，完成自己的公益行为。捐资方实施捐赠性行为不以从项目中获取经济利益为目的。

接受捐资方包括各种基金组织，或接受委托使用所获资金开展林业碳汇项目的其他公益机构和组织。依据《中华人民共和国公益事业捐赠法》（以下称《公益事业捐赠法》）第四条规定，这些公益性社会团体所组织的捐赠是自愿和无偿的，不得强行摊派或变相摊派，不得以捐赠为名从事盈利活动。《公益事业捐赠法》第五条规定，捐赠财产的使用应当尊重捐赠人的意愿，符合公益目的，不得将捐赠财产挪作他用。可见，在相关法律框架下，筹资阶段捐资方与接受捐资方的利益诉求基本是一致的。接受捐资方要依据捐资方意愿，将其自愿捐赠的资金用于公益用途。在资金使用过程中，接受捐资方要接受捐资方的监督。

在项目实施阶段，与项目有关的利益相关方包括接受捐资方、项目实施方和项目受益人。接受捐资方与项目实施方签订投资合作协议，要求其按照林业碳汇项目的技术要求组织并开展项目的实施。合作协议中的规定必须满足捐资方对资金使用的要求，否则捐资方将可以撤销其捐赠行为。接受捐资方需要监督并保证项目实施方对款项的使用是否符合要求，以及项目实施过程是否满足相应的技术要求。

项目实施方是具体实施林业碳汇项目的主体。它既可能是具有技术实力和规模优势的林业企业，也可能是个体林地经营者。后者在实施项目时需要接受技术部门的指导，以满足项目要求。在收到接受捐资方所提供的资金后，项目实施方按照协议规定实施项目并接受监督，同时通过实施林业碳汇项目获得相应报酬。

项目受益人主要是提供项目用地的土地使用权权利人。他们通过提供合格的林地使项目得以实施，并得到捐资方所赠送的林木产权及林木的经济利益作为收益。考虑到目前林业碳汇价值占整个项目的比例很小，项目受益人实际上是整个公益性林业碳汇项目最大的获利人。不过，项目受益人对林木的使用要受到林业碳汇计入期的影响，在计入期内不能通过采伐林木获取经济收益。

综上所述，在项目实施阶段，各利益相关方的利益诉求有所区别。接受捐资方仍是完成其公益行为，不追求经济利益，但可以获得项目实施额外产生的收益，如林业碳汇产权。项目实施方和项目受益人均可以从项目中获取经济收益，是项目顺利实施的必要条件(见表 5.2)。

表 5.2　公益性林业碳汇项目相关利益者分析

主要利益相关者	作用职能	项目影响	
		利益	困难
捐资方	捐款；监督款项使用。	提升企业社会形象；一定减免税优惠；履行社会责任。	资金不能用于经营活动；监督资金使用要花费一定成本。
受捐方	接受捐款；组织使用捐款实施项目。	获得相应林业碳汇；恢复森林植被、促进农民增收、生态保护等。	合理使用资金；监督并保证捐款按约定使用。
项目实施方	按协议规定实施林业碳汇项目。	实施项目获得报酬。	按技术要求实施项目并协调项目实施中各方利益。
项目受益方	提供林地使用权等相关权利，使项目得以实施。	项目完成后获得林木带来的经济收益；增加就业；提高生产经营能力。	按设计要求管理森林以保证林业碳汇有效性受到成本和技术的限制。

公益性林业碳汇项目各利益相关方存在各自的利益诉求。这将使林业碳汇产权配置的标准呈现多样化特点。依据本书第四章分析内容，不同产权主体拥有林业碳汇产权的目的不同，对林业碳汇产权资源配置的效率评价具有多元化标准。这意味着公益性林业碳汇产权的配置方式也可以通过多种方式得以体现，可以根据不同利益相关方对收益或效用的要求进行特殊设计。

二、公益性林业碳汇项目中林业碳汇的产权

（一）产权配置方式

我国目前的公益性捐赠属于自愿和无偿的行为。由于道德激励④返还机制的欠缺，公益性组织公信力下降，以及国内大部分企业社会责任意识的不足，企业参与公益性捐赠的积极性并不高。全球气候变化背景下，为控制温室气体的排放，强制减排政策的推出成为大势所趋。林业碳汇在减排政策中的作用使捐资林业碳汇项目的行为有机会与自愿减排相结合。接受捐资方通过设计一定的道德激励返还模式，利用项目所形成的林业碳汇产权作为激励手段，在充分利用林业碳汇降低温室气体浓度这一功能的同时，还可以调动捐资企业参加公益性林业碳汇项目的积极性。

公益性林业碳汇产权可以以不同的方式在各产权主体间进行配置。各种配置方式会影响到不同产权主体的行为，对不同产权主体带来各种激励效果。但是在进行公益性资源的配置时，受赠资产及其增值的处理必须受到相关法律法规的约束。国务院 2004 年公布施行的《基金会管理条例》第四章第二十七条规定"基金会应当根据章程规定的宗旨和公益活动的业务范围使用其财产，捐赠协议明确了具体使用方式的捐赠，根据捐赠协议的约定使用。"《条例》同时还规定"接受捐赠的物资无法用于符合其宗旨的用途时，基金会可以依法拍卖或者变卖，所得收入用于捐赠目的。"

国外公益组织实施公益行为所获得的收入也需依规定用于相应的公益目的。比如，韩国在其《非盈利机构成立与运作法》中规定：公益性组织从事商业活动前，要提前向有关部门申请并获得批准。商业活动盈利后的收入如果用于其宗旨以外的目的，或者被认为用途与该组织的宗旨严重不符，该组织可能被勒令改变或终止商业活动，甚至被撤销许可和处以罚金。美国虽然允许公益性组织从事盈利活动，但是在其《国内税收法典》中按照盈利活动和组织宗旨的相关程度将盈利活动分为无关盈利活动和相关盈利活动，两种活动所获得的盈利适用不同的税收政策。

由以上规定可以看出，公益性林业碳汇产权是公益性项目额外形成的一种可能带来收益的权利。在对其进行配置时需注意两个条件：保持所分配产

---

④　根据人的心理和行为的规律性，通过一定的形式和手段去诱发、激活个体的道德需要和动机，使个体产生行为的内驱力，从而促使个体采取行动，实现德育目标的过程。

权的公益性目的，或者依据捐赠协议的规定进行配置。

具体来说，可采用的配置方式主要有以下几种（见表5.3）。

方式1：企业在捐资协议中约定其公益行为仅为支持完成项目的实施，项目实施所形成的林业碳汇产权不包括在捐赠范围内。

方式2：受捐方获得项目形成的林业碳汇产权后将其免费赠予需要强制减排的捐资企业，用于核销其碳排放。

方式3：受捐方将实施项目所形成的林业碳汇产权进行交易，获得收入后用于实施新的公益性碳汇造林项目。

方式4：受捐方获得林业碳汇产权后将其用于其他公益行为，如会议碳中和、个人消除碳足迹等。

表5.3 公益性林业碳汇项目碳汇产权配置方式

配置方式	特点描述	代表案例或实行条件
方式1	捐资不捐碳汇	随着对林业碳汇认识的加深，捐资人可能采用。
方式2	将碳汇赠与捐资企业核销碳排放	需要排放量管理制度的进一步规定。
方式3	卖出碳汇，获得资金开展新公益项目	浙江义乌的林业碳汇交易试点。
方式4	直接用碳汇进行公益活动	碳中和项目和推动全民义务植树运动。

第一种方式在捐赠协议约定下把林业碳汇产权直接转让给捐资企业。捐资企业以这种方式获得林业碳汇产权与现有法规不会发生冲突，是比较合理的公益性资产配置方式。如果捐资企业在未来可能承担强制减排义务或者林业碳汇产权交易市场形成，这种产权配置方式将对捐款企业产生较大的激励，有利于提高企业捐资公益性林业碳汇项目的积极性。

如果短期内国家没有推出强制性减排政策，或者林业碳汇的产权交易很难实现，捐资企业在协议中约定获得林业碳汇产权的意愿就会受到影响。这种方式能产生的激励效果也会大打折扣。假如企业预计未来出台强制减排政策的可能性较大，可能仍然会通过协议约定的方式获得林业碳汇产权。但是，企业可能会把林业碳汇产权委托给公益组织代管，等自己需要抵减排放量或者有交易需求时再由该组织实际进行产权的转移。也就是说，通过捐资协议约定的方式具有一定灵活性，捐资企业可以依据自己对林业碳汇的需求或用途选择不同形式。

第二种方式由受捐方使用捐资方的捐款实施林业碳汇项目，获得林业碳汇的产权。之后受捐方以无偿的方式将产权赠予捐资方。之后，捐资方在承担强制减排义务时可以将林业碳汇用于抵减自己的排放。第二种方式虽然为捐资方设定了一定的激励机制，但是机制设定的目的是为了鼓励捐资方更多地参与公益性林业碳汇项目。而且，对受捐方而言，设置这种激励机制并没有使自己从中获利，也没有与现行规定产生冲突。

第三种方式由受捐方行使林业碳汇产权的收益权能，通过交易获得收入。之后，受捐方再将收入用于新的林业碳汇项目，实现捐资企业社会责任的延伸。以这种方式利用林业碳汇产权，受捐方可以利用现有的林业碳汇为其他公益性林业碳汇项目筹集资金，增强项目实施的资金实力，是增加林业碳汇项目资金的补充手段。捐资方则可以在不用增加捐赠数额的情况下，支持实施更多的公益林业碳汇项目，对其参与这一公益行为产生一定激励。不过，这一配置方式发挥效用的前提是林业碳汇产权交易制度的建立以及交易市场的形成。我国目前的现状是相关制度还不完善，市场交易清淡。受捐方所拥有的林业碳汇产权很多都无法通过交易实现其经济利益。因此，这一配置方式目前对捐资企业的激励力度较小。

由于现阶段国内林业碳汇产权的交易机会较少，受捐方在获取林业碳汇产权后，还可以设计其他经济利益的实现方式以获得收入。之后，这些收入再用于继续实施林业碳汇项目。比如针对各种有纪念意义的特殊日期（教师节、圣诞节等），中国绿色碳汇基金会设计制作了卡面上登记有一定碳汇数量的贺卡。购买者在购买贺卡时就获得了相应的林业碳汇产权，在赠送贺卡时送出的不仅是一份简单的祝福，还体现了自己保护环境，关心社会公益的社会责任。这种方式实际上是通过对林业碳汇产权交易方式的全新设计，从林业碳汇产权交易的收入中获得新的资金实施项目。

第四种方式由受捐方获取林业碳汇产权后将其用于其他公益性活动。这种方式实际上也是捐资方公益活动的延伸。与第三种方式不同的是，这种方式不需要通过林业碳汇产权交易获得收益后再实施公益行为。受捐方直接在公益活动中使用项目获得的林业碳汇。比如中国绿色碳汇基金会将林业碳汇用于公益性的碳中和项目。项目首先将参与的排放企业、组织或个人一段时间内直接或间接产生的温室气体排放总量计算清楚。然后，排放者可以出资开展林业碳汇项目，用所产生的林业碳汇抵消自己的排放量，也可以从中国绿色碳汇基金会购买已有的林业碳汇，达到抵减自己温室气体排放的目的。如果捐资者自行捐资开展林业碳汇项目，获得林业碳汇，抵消自己的排放，林业碳汇项目规模的大小将由有资质的合格经营实体依据方法学进行估算。

估算的目的是，项目中获得的林业碳汇可以基本中和参与者造成的碳排放。受捐方直接使用第四种方式利用林业碳汇产权，无需如第三种方式一样寻找交易机会，节省了交易成本，而且符合对公益性组织资产使用的规定。

其他公益性活动还包括由受捐方将项目实施所获得的林业碳汇产权分配给个人捐资者。随着社会公众对环境问题关注度的提高，越来越多的个人对捐资造林活动开始关注。个人捐资虽然比较分散，但随着人们生活水平提高以及对环境问题关注度的增加，已逐渐成为公益性林业碳汇项目中除企业捐资外比较重要的一个来源。中国绿色碳汇基金会目前已经接受个人捐款1000多万元，极大地促进了项目的开展。捐资个人获得公益性林业碳汇项目形成的林业碳汇产权，有利于对捐资个人形成激励，拓宽项目资金的捐赠渠道。由于个人并不需要使用林业碳汇产权抵减排放量，现阶段也很难通过交易获得经济收入，因此林业碳汇产权归属于个人捐资者也符合公益性林业碳汇项目的目的。

（二）各种配置方式的特点分析

公益性林业碳汇项目中的林业碳汇产权具有特殊性。和京都规则碳汇林项目相比，公益性林业碳汇项目形成的碳汇产权在不同主体间进行分配时需要考虑保持其公益性目的。以上几种分配方式从公益组织的角度来看，均属于将林业碳汇产权用于公益目的的行为，只是针对不同的捐资方特点设计了不同方式。各种方式没有绝对的优劣之分，在不同阶段可以考虑采取不同方式以调动捐资方的积极性。

前三种方式主要针对捐资企业设计激励手段。如前所述，第一种方式通过协议形式明晰产权的归属，简单明了且具有灵活性。但是，捐资企业获得林业碳汇产权后如果想加以使用或者通过交易获得收入，虽然并不与法律法规相抵触，但要受到国家配套政策的影响。如果我国没有出台减排政策，或者减排政策中缺少使用林业碳汇的相关规定，捐资企业获得林业碳汇产权的意愿就会下降。因此，现阶段第一种方式的效果不确定。

第二种方式捐资方以接受赠送的方式获得林业碳汇产权。对受捐方而言，这一赠送是无偿的，与相关规定并不冲突。不过，捐资方如果将被赠予的林业碳汇用于交易获利，会被视为从公益活动中获得回报，与公益行为性质不符。我国目前还没有限定公益行为的参与者不能从行为中获益，但是传统的道德观念均认为公益行为是不求回报的。为了与传统道德观念保持一致，受捐方在将林业碳汇产权赠与捐资方时可以约定林业碳汇的使用方式。

如果捐资方使用这些林业碳汇没有获得经济收益，这种方式是可行的。如果捐资方用这些林业碳汇交易获利，可以将收入返回受捐方继续用于公益行为。

第三种方式虽然没有直接将林业碳汇分配给捐资企业，激励力度较小，但由受捐方从林业碳汇产权交易中获得收入后继续开展项目，与双方最初从事公益行为的目的一致。对比较关注企业社会责任的捐资企业而言，第三种方式仍具有一定吸引力。此外，受捐方还可以设计多种利益实现手段以更好地完善第三种分配方式。

第四种方式直接利用林业碳汇产权作为激励手段进行公益行为，主要面向需要运用林业碳汇产权实现自己公益目的的活动或组织行为。比如，2011年中国绿公司年会期间，参会代表往返交通、住宿、餐饮和设备使用等活动共排放了 65.5 吨 CO_2。这些排放就由老牛基金会出资 18.3 万元，由中国绿色碳汇基金会组织造林 3.53 公顷，预计未来 5 年可将本次会议碳排放全部吸收。这种方式是捐资者直接使用林业碳汇的行为，由于仅限于公益目的的使用，不存在通过产权交易获利的问题，是直接利用林业碳汇产权的方式。这种配置方式减少了林业碳汇产权的交易环节，直接用所形成的林业碳汇做公益。但是，这种配置方式面临如何对所使用林业碳汇进行产权界定的问题，要保证林业碳汇仅为一个主体所拥有需要按照前文所述的完整确权过程进行加以保证。

三、项目案例

公益性林业碳汇项目可以由不同类型的公益机构和组织加以实施，比如全球环境基金（GEF）、山水自然保护中心、大自然保护组织（TNC）等。本部分主要以在我国实施项目类型较多的中国绿色碳汇基金会（下简称碳汇基金会）为对象介绍项目的实际情况。

碳汇基金会成立于 2010 年 7 月，是在全球气候变化背景下诞生的中国第一家以应对气候变化、增加碳汇、帮助企业自愿减排为目标的全国性公募基金会。碳汇基金会的设立为企业和公众搭建了一个通过林业措施储存碳信用、展示捐资方社会责任形象的平台。这一平台既能帮助企业志愿减排、树立良好的社会形象、为企业自身的长远发展做出贡献，又能增加森林植被、减缓气候变暖、维护国家生态安全。国家林业局作为其业务主管部门，积极支持并为基金会提供全方位的服务。碳汇基金会自成立以来通过实施碳汇造林、碳中和、低碳植树节等多种形式的林业碳汇项目，积极应对气候变化。基金会使公益性碳汇造林从无到有，创造并培育了公益项目品牌，建设了多样化的捐赠平台，建立了一套林业碳汇生产、计量、监测、核证和注册的技术标准体系，并进行了林业碳汇交易试点的探索，为利用林业碳汇更好应对气候变化做出了自己的贡献。

在前文研究的基础上，本节通过碳汇基金会运作公益性林业碳汇项目实际案例的分析，介绍公益性林业碳汇的各种用途并总结实际操作中的有用经验和不足之处，为进一步优化配置提供参考和借鉴。几种配置方式中，目前只有第三、第四种方式出现在实际案例中。

（一）交易碳汇获得资金开展新项目

1. 项目意义

这类项目可以推动生态服务市场的建立，使林业成为应对气候变化工作的重要内容。通过在碳市场内或在市场外进行交易，这种林业碳汇的使用方式既使社会公众对林业碳汇有了更多了解，还使林业碳汇产权的拥有者认识到林业碳汇也可以通过交易的方式获得一定的经济收益。此外，对购买企业来说，通过购买公益项目产生的林业碳汇，体现了自己对公益事业的支持，企业履行自己的社会责任，自愿抵减自身在发展过程中产生的碳排放，一定程度上提升了企业的社会形象。

这种方式的典型代表是碳汇基金会与华东林业产权交易所合作开展的林业碳汇交易试点。2011年11月1日，在浙江义乌交易试点的启动仪式上，阿里巴巴、歌山建筑和富阳市木材有限公司等十家企业以18元/吨的价格，购买了14.8万吨林业碳汇VER。所购买的林业碳汇产权来自于碳汇基金会2008年实施的六个林业碳汇项目。

六个林业碳汇项目对于推进实施地的可持续发展有重要意义。首先，项目通过造林活动吸收、固定CO_2，产生可测量、可报告、可核查的温室气体减排量，对碳汇造林项目起到实验和示范作用。其次，项目增强了实施地区森林生态系统的碳汇功能，加快了森林恢复的进程，实现了控制水土流失，保护生物多样性等多重生态目标。第三，项目给实施地区带来了很好的社会和经济效益。

项目实施地包括北京房山区青龙湖镇，甘肃定西市安定区李家堡镇，甘肃庆阳市国营合水林业总场，广东河源市龙川县登云镇、佗城镇，广东汕头市潮阳区西胪镇，浙江临安市藻溪镇。

项目期限为 20 年，核证减排量的签发期与林业碳汇计入期均为 20 年，预计到 2027 年共产生约 14.8 万吨二氧化碳当量（CO_2-e）减排量。

2. 项目特点分析

碳汇基金会所实施六个项目不仅给当地带来一定的经济收益，更注重生态效益和环境效益。因此，各项目在选择使用树种时，主要考虑适地适树的原则，选用当地的乡土树种，而没有选择经济收益高的树种。如甘肃定西市安定区选择的是耐干旱的侧柏、文冠果和山毛桃，北京房山区选择的是以乡土树种侧柏、油松、元宝枫、火炬树、刺槐、黄栌、山桃、山杏和山皂角等为主的树种配置。乡土树种的使用可以保证树木适应当地气候地理条件，成活率高，可以较好的保护生物多样性，并具有改善环境的良好效果。

项目结果显示，在我国北方实施项目获得的林业碳汇数量少于南方。北京、甘肃所实施的三个项目面积与广东实施项目面积相同，均为 400 公顷，而项目形成的林业碳汇仅为广东项目的约 1/5。由此可见，以获得林业碳汇为目的的项目在我国南方实施效果更为明显（表 5.4）。

表 5.4　交易试点林业碳汇项目概况

项目名称	预估净碳汇量（吨 CO_2-e）	项目计入期（年）	方法学	项目面积（公顷）
北京市房山区碳汇造林项目	6495	20	中国林业碳汇项目造林方法学	133.33
甘肃省定西市安定区碳汇造林项目	4300	20	中国林业碳汇项目造林方法学	133.33
甘肃省庆阳市国营合水林业总场碳汇造林项目	11757	20	中国林业碳汇项目造林方法学	133.33
广东省龙川县碳汇造林项目	57254	20	中国林业碳汇项目造林方法学	200.00
广东省汕头市潮阳区碳汇造林项目	60610	20	中国林业碳汇项目造林方法学	200.00
浙江省临安市毛竹林碳汇项目	8155	20	中国林业碳汇项目竹子造林方法学	46.67

3. 林业碳汇产权处理

项目所形成的林业碳汇产权归碳汇基金会所有。碳汇基金会为更好利用林业碳汇产权推动公益性项目发展，将林业碳汇出售给进行自愿中和排放的主体。按照前文所提出的第三种产权配置方式，受捐方将所获得的林业碳汇进行交易得到收入。之后，受捐方将收入用于新的公益林业碳汇项目，实现了捐资方社会责任的延伸。在义乌的交易试点中，碳汇基金会把林业碳汇的产权出售给履行社会责任、自愿减排的阿里巴巴等十家企业。交易所获得的收入返回碳汇基金会后，碳汇基金会再用于营造碳汇林。

通过这种产权利用方式，在没有获得更多捐资的情况下，碳汇基金会可以支持更多的公益性项目。碳汇基金会通过出售自己拥有的林业碳汇产权，也使捐资方捐资所获得的增值得到更好地利用，有利于公益性林业碳汇项目的实施。阿里巴巴、歌山建筑和富阳市木材有限公司等十家企业并不承担强制减排义务。林业碳汇抵减排放量的功能对这几家企业的吸引力并不大。如果按照市场规律配置林业碳汇产权，这些企业不一定愿意购买林业碳汇的产权。但是，以公益行为的方式购买可以体现企业的社会责任，有利于企业形象的提升。于是，在改善社会形象带来的效用激励下，这些企业愿意参与林业碳汇产权的博弈过程，使林业碳汇得到利用，使其产权权益得到部分实现。

（二）直接使用林业碳汇从事公益活动

1. 项目意义

林业碳汇如何抵减排放量目前在我国仍处于探索阶段，人们还没有形成较为统一的认识。但是林业碳汇形成过程就是森林生长过程，而森林可以带来多重效益，公众对此已经达成共识。因此，虽然林业碳汇在与抵减排放相关的碳市场上交易并不活跃，在关心环境、倡导生态文明、热心社会公益的社会大众间却比较容易为人们所接受。参与社会公益活动的社会组织或个人更容易地接受了林业碳汇这一环保的减排工具。近年来各种碳中和项目和个人出资造林支持林业碳汇项目的案例屡见不鲜。

碳汇基金会近年来较多地使用林业碳汇实施碳中和项目及进行各种公益性活动，扩大了林业碳汇项目的影响，使参与各方对森林应对气候变化的作用有了更全面地了解。在项目实施过程以及各种活动中，碳汇基金会还总结积累了较为丰富的项目实施经验，总结出一套比较完整的管理方法，使林业碳汇的计量更具科学性，所获得的减排量更为准确，为林业碳汇明晰产权的形成奠定了良好的基础，更为林业碳汇项目减排量的顺利交易奠定了良好的基础。

2. 项目特点分析

碳中和项目首先由专业机构计算排放者一段时间内温室气体的排放量，在此基础上，利用专业方法计算出抵减这些排放量需要实施林业碳汇项目的规模。之后，专业机构根据捐资人的意愿进行项目设计和实施，将产生的减排量以碳中和报告书的形式交给捐资人，作为捐资人履行自愿抵减排放的有效证明。

碳中和项目形式多样，有碳中和会议、针对某项活动的碳中和等。碳汇基金会从2010年实施了很多碳中和会议项目。比如2010年联合国气候变化天津会议、2010年第三届全国生态文明与绿色竞争力国际论坛、2011年全国秋冬季森林防火工作会议、2011年绿色唱响——零碳音乐季、2013年联合国可持续消费论坛等会议及活动均由碳汇基金会做成了碳中和项目。

自2011年起，碳汇基金会连续五届负责实施"中国绿公司年会"的碳中和项目。基金会利用举办企业的捐资，在内蒙古和林格尔县的生态脆弱区组织实施林业碳汇项目，中和历届年会造成的碳排放，使年会成为环境友好型的碳中和会议。绿公司年会通过参与碳中和项目，不仅抵消了会议期间的所有碳排放，还为减缓全球气候变化、保护生态环境作出了表率。参与绿公司年会的国内外商业领袖及各界精英，也对项目活动的推广和介绍起到推动和促进作用。

碳中和项目灵活性较强，规模可大可小，操作性强。小到"中国绿公司年会"这样净排放100多吨温室气体的活动，大到"联合国气候变化谈判天津会议"这样排放1.2万吨的大型会议，均可以通过碳中和项目实现中和目标。这种灵活性使公益性林业碳汇项目扩大了其影响，从而可以获得更多的资源开展林业项目。

除了碳中和项目外，林业碳汇还获得了企业、个人和社会组织的关注。越来越多的组织机构和个人参与到林业碳汇的公益行动中来。我国1981年以来倡导全民履行义务植树。但是，随着林地产权的家庭承包经营改革以及宜林荒山荒地数量的不断减少，公民自己到林地履行植树造林义务的难度也越来越大。通过利用林业碳汇这一生态服务产品，参与造林的主体可以看到自己捐资造林的成果确实存在，并以碳汇的形式得以体现。这有利于参与捐资造林的个体减少对公益机构的疑虑。同时，由专业机构负责造林以及日常的管护有利于所种林木的正常生长。公众参与的形式多种多样，比如专门针对春节、情人节等特殊时间设计的贺卡系列。每张贺卡都代表着所捐款项所造林木形成的碳汇量，并进行明确标注。参与公民通过购买贺卡，在履行社会责任的同时还接受了一种绿色环保的新礼物形式，送礼同时还送去一份自己对环境的关注，对公益的热情。

3. 林业碳汇产权处理

用于公益目的的林业碳汇与准备用于抵减排放量的林业碳汇有较大不

同。出资者更看重的是项目带来的多重效益的发挥。项目的实施既可以给当地的经济发展提供直接和间接的经济收入或者良好的环境条件，又可以发挥森林所具有的社会和生态效益。因此，林业碳汇的形成和计量过程受到的约束较小，依据项目的要求可以选择相应层次的方法学并可以进行一定的调整。由于产权主体关注的重点不同，这种形式下的林业碳汇产权在形成过程中强调的也不是是否可以交易，而是是否和相应的林木相匹配，是否真正对环境产生积极的正面影响。

（三）项目启示

以上两种产权的处理方式存在不同特点。如果是准备用于交易的林业碳汇，林业碳汇产权的形成过程需要严格遵守前文提到的操作流程，产权界定比较清晰。在经过完整的生产、计量、监测、核证及登记注册过程后，产权主体可以明确获得计量清楚、归属明确的林业碳汇。在项目实施过程中，根据交易的目的不同，整个管理过程也有所差别。比如要在我国碳市场中进行交易，就需要严格按照在国家发改委备案的相关方法学实施，并进行管理，执行必须的程序，使所生成的林业碳汇具有了合格的技术要素，使产权的转让具有了基本条件。如果交易在自愿的主体间进行，则需要使用交易各方认可的项目实施标准和林业碳汇产权的确定程序。

直接用于公益目的的林业碳汇受到的约束较少。参与的主体比较关心的是所捐款项是否被用于植树造林等有利于环境改善、降低温室气体浓度的项目建设。款项的使用方应通过林业碳汇的使用，使捐款人真正意识到林业碳汇对应的是实际存在的相应数量的森林，消除或减少捐款人在这方面的疑虑，保护好社会群体关心环境问题的主动性和环保热情。

本章中提出了四种林业碳汇产权的配置方式。其中第三种和第四种在实际操作中已经得以应用。从上述两种方式的介绍中可以看出，两种方式均利用林业碳汇产权促进了公益性林业碳汇项目的开展。在碳交易试点案例中，碳汇基金会利用自己拥有产权的林业碳汇，获得来自自愿减排者的资金以实施更多项目。而在直接使用林业碳汇案例中，碳汇基金会直接利用林业碳汇，吸引与激励一些社会责任感较强的企业、组织和个人参与到公益性林业碳汇项目中起到推动作用。

目前，公益性项目林业碳汇产权的配置途径还有待完善。前一节中提出的第一种途径在实践中还没有出现。企业在捐资时还较少专门在合约中对林业碳汇产权的归属进行约定。这一方面是因为，目前参与项目的企业比较看重林业碳汇项目所带来的多重效益，而不仅仅是为了获得碳汇。另一方面，强制性减排还没有全面实行，已经开始的试点对林业碳汇的使用细则还不明确，社会公众对可交易的林业碳汇还不完全了解，这都导致企业拥有碳汇产权的意愿不强。

第二种途径的实践也需要政府相关政策的完善。公益性组织在将林业碳汇产权赠与捐资方后，还需要国家出台政策，比如规定公益项目参与人可以使用公益行为获得的林业碳汇产权，抵减自己的碳排放。捐资企业如果可以使用林业碳汇帮助自己实现减排目标，对林业碳汇拥有的意愿就较强。

毋庸否认，目前林业碳汇项目的经济效益在短期内和以商业开发为目的的传统林业项目还无法相比。这也是为什么京都规则林业碳汇项目在国内外发展均较为缓慢的重要原因之一。造成这一现象的原因很多，其中，国家没有出台强制性的减排政策是最根本因素。考虑到强制减排政策的推出会在较大程度上影响我国经济的顺利运行，国家在短期内可能还是以自愿减排的方式为主要手段。这就决定了对林业碳汇的需求在短期内不会增长很快。林业碳汇产权的主体要从林业碳汇交易中获得收益仍然是一个比较困难、需要一定时间去解决的问题。

在此背景下，林业碳汇目前采用公益性项目的形式获得了较快地发展。林业碳汇项目在实施过程中，除了可以如工业减排项目一样获得核证减排量，还可以带来包括社会经济效益和环境效益在内的多重效益。而公益行为的参与者更容易理解林业碳汇生产对社会发展带来的正外部性影响。因此，碳汇基金会利用公益性捐赠，部分弥补林业碳汇具有的正外部性，可以更有力地推动林业碳汇项目的开展。

由于目前尚缺乏对捐资方拥有林业碳汇产权意愿的调查，前文所述的针对捐资方设置的产权配置方式是否能对捐资方产生足够激励仍需进一步研究。但是，从目前碳汇基金会的实际操作中来看，这些产权配置方式至少对公益性林业碳汇项目的实施产生了一些积极的影响。尤其是对部分社会责任心较强的捐资主体，在了解了林业碳汇的真实用途后，更愿意实际拥有林业碳汇产权，并支持林业碳汇项目的实施。

参考文献

[1] (美)埃里克·弗鲁博顿，(德)鲁道夫·芮切特著. 新制度经济学：一个交易费用分析范式[M]. 上海：上海人民出版社，2006.

[2] 安柯颖. 论绿色发展与生态产权的市场化[J]. 云南行政学院学报，2012，(4)：169—173.

[3] (美)Y. 巴泽尔著，费方域，段毅才译. 产权的经济分析[M]. 上海：上海人民出版社，2004，4.

[4] 白暴力，杨波. 产权理论的误区与企业产权制度改革：古典产权制度与现代产权制度[J]. 河南教育学院学报(哲学社会科学版)，2005，24(3)：82—85.

[5] 北京市发展和改革委员会. 北京市发展和改革委员会关于开展碳排放权交易试点的通知[R]. 2013，11.

[6] 蔡宁，郭斌. 从环境资源稀缺性到可持续发展：西方环境经济理论的发展变迁[J]. 经济科学，1996，6，59—66.

[7] 陈根长. 林业的历史性转变与碳交换机制的建立[J]. 林业经济问题，2005，25：1—6.

[8] 陈华彬. 民法物权论[M]. 北京：中国法制出版社，2010：11.

[9] 陈利根，李宁，龙开胜. 产权不完全界定研究：一个公共域的分析框架[J]. 云南财经大学学报，2013，4：12—20.

[10] 陈鹏飞. 法学视角下科斯定理的产权界定[J]. 湖南科技学院学报，2013，34：139—154.

[11] 陈旭图，李怒云，高岚，等. 美国林业碳汇市场现状及发展趋势[J]. 林业经济，2009，07：76—80.

[12] 程启智. 内部性与外部性及其政府管制的产权分析[J]. 管理世界(月刊)，2002，(12)：62—69.

[13] 崔丽娜. 林业经济发展中的生态补偿问题研究[J]. 洛阳理工学院学报(社会科学版)，2010，25(5)：54—56.

[14] 邓小鹏，段昊智，袁竞峰等. PPP模式下保障性住房的共有产权分配研究[J]. 工程管理学报，2012(26)：081—086.

[15] 董媚. 洛阳市环境产品供给的路径选择：节能减排应用对策研究[J]. 内江科技，2012，11：136—137.

[16] 段毅才. 西方产权理论结构分析[J]. 经济研究，1992，8：72—80.

[17] 丁志帆，王朝明. "零负团费"治理困境的破解之道：基于巴泽尔产权理论的分析[J]. 郑州大学学报(哲学社会科学版)，2013，46(2)：69—74.

[18] 方宇惟. 消费者投诉：一个产权博弈案例[J]. 吉林工商学院学报，2008，24(2)：18—23.

［19］甘庭宇. 自然资源产权的分析与思考［J］. 经济体制改革，2008，（5）：54—57.

［20］高雷，张陆彪. 草地产权制度变革与草地退化关联性分析–基于对新疆传统牧区的调查［J］. 武汉科技大学学报（社会科学版），2012，14（6）：618—621.

［21］龚攀. 以《物权法》第243条为视角检讨孳息定义［J］. 商品与质量，2011，（1）：122.

［22］龚亚珍，李怒云. 中国林业碳汇项目的需求分析与设计思路［J］. 林业经济，2006，（06）：36—38.

［23］国家发展和改革委员会. 中华人民共和国气候变化初始国家信息通报［M］. 北京：中国计划出版社，2004：15—20.

［24］国家林业局. 碳汇造林项目方法学［R］. 国家林业局，2013：12.

［25］国家林业局森林资源管理司. 第七次全国森林资源清查及森林资源状况［J］. 林业资源管理，2010，（1）：1—8.

［26］郭文博. 产权交易综合指数的构造与测算［D］. 河南科技大学硕士论文，2011.

［27］郝俊英，黄桐城. 环境资源产权理论综述［J］. 经济问题，2004，（06）：5—7.

［28］贺庆棠. 森林对地气系统碳素循环的影响［J］. 北京林业大学学报，1993，（03）：132—137.

［29］何英，张小全，刘云仙. 中国森林碳汇交易市场现状与潜力［J］. 林业科学，2007，7：106—111.

［30］胡品正，徐正春，刘成香. 森林碳汇服务的经济学分析：基于产权角度看森林碳汇服务交易［J］. 中国林业经济，2007，3：34—37.

［31］黄海沧. 国际碳基金运行模式研究［J］. 广西财经学院学报，2010，（05）：95—98.

［32］黄少安著. 产权经济学导论［M］. 北京：经济科学出版社，2004，10.

［33］黄延峰. 广义商品定义与自然资源的价值分析［J］. 商业研究，2001，03：26—28.

［34］金建栋，赵叶龙，胡继之. 中国证券业年鉴［R］. 北京：中国经济出版社，2000：1793.

［35］姜鑫生. 耕地产权残缺成因的博弈分析及对策的规范分析［J］. 河南工业大学学报（社会科学版），2008，4（3）：1—4.

［36］康惠宁，马钦彦，袁嘉祖. 中国森林C汇功能基本估计［J］. 应用生态学报，1996，（03）：230—234.

［37］孔凡斌. 林业应对全球气候变化问题研究进展及我国政策机制研究方向［J］. 农业经济问题，2010，（7）：105—109.

［38］匡耀求，欧阳婷萍，邹毅，等. 广东省碳源碳汇现状评估及增加碳汇潜力分析［J］. 中国人口. 资源与环境，2010，（12）：56—61.

［39］李春雨. 林业权的法律性质与立法安排［J］. 国家林业局管理干部学院学报，2008，（03）：33—37.

［40］李孔岳，罗必良. 产权：一个分析框架及其应用［J］. 南方经济，2002，5：9—12.

［41］李丽平. 国际贸易视角下的中国碳排放责任分析［J］. 环境保护. 2008. 3.

[42] 李怒云. 中国林业碳汇[M]. 北京：中国林业出版社，2007：6—7.

[43] 李怒云，冯晓明，陆霁. 中国林业应对气候变化碳管理之路[J]. 世界林业研究，2013，26：1—7.

[44] 李怒云，王春峰，陈旭图. 简论国际碳和中国林业碳汇交易市场[J]. 中国发展，2008，(03)：9—12.

[45] 李淑霞，周志国. 森林碳汇市场的运行机制研究[J]. 北京林业大学学报(社会科学版)，2010，02：88—93.

[46] 李新，程会强. 基于交易成本理论的森林碳汇交易研究[J]. 林业经济问题，2009，29：269—273.

[47] 李亚玲. 产权结构、产权边界与产权明晰：企业产权制度研究[J]. 思想战线，2008，34(4)：89—94.

[48] 李岩. 财政分权的产权理论分析及其对中国的启示[J]. 当代经济管理，2012，34(12)：87—91.

[49] 林德荣. 森林碳汇服务市场交易成本问题研究[J]. 北京林业大学学报(社会科学版)，2005，4：46—49.

[50] 林德荣. 森林碳汇服务市场化研究[D]. 北京：中国林业科学研究院，2005：97.

[51] 林德荣，李志勇，支玲. 森林碳汇市场的演进及展望[J]. 世界林业研究，2005(1).

[52] 刘春雷. 关于林地产权经济学的几个问题[J]. 林业经济问题，1995，(04)：27—30.

[53] 刘丛丛，王文英. 我国森林碳汇市场构建的研究[J]. 中国林业经济，2012，03：23—25.

[54] 刘宏明. 我国林权主体的法律分析[J]. 国土绿化，2004，(4).

[55] 刘明明. 论碳排放权交易制度的核心要素[J]. 企业经济，2012，08：10—14.

[56] 刘胜. 论原物与孳息的区分原则[J]. 经营管理者，2009，10：138.

[57] 蒲丰奇. 浅析国有企业产权权能的划分[J]. 经济与管理，1994，4：18.

[58] 卢现祥. 环境、外部性与产权[J]. 经济评论，2002，4：70—74.

[59] (英)罗杰·珀曼，马越，詹姆斯·麦吉利夫雷等著，侯元兆等译. 自然资源与环境经济学(第2版)[M]. 北京：中国经济出版社，2002. 4.

[60] 罗夫永. 产权组合：对"小产权房"的制度经济学分析[J]. 中国青年政治学院学报，2008，5：71—76.

[61] 罗堃. 中国环境容量资源的价格扭曲及其矫正[J]. 统计与咨询，2011，(1)：26—27.

[62] 吕植. 中国森林碳汇实践与低碳发展[M]. 北京：北京大学出版社，2014.

[63] 潘家华，陈迎. 碳预算方案：一个公平的可持续的国际气候框架[J]. 中国社会科学，2009，(5).

[64] 潘永. 产权清晰对产权效率的影响：理论分析与实例论证[J]. 广西大学学报(哲学社会科学版)，2008，30(1)，38—42.

[65] 彭喜阳，左旦平. 关于建立我国森林碳汇市场体系基本框架的设想[J]. 生态经济，

2009，08：184—187.

[66]（美）罗伯特·S·平狄克，丹尼尔·L·鲁宾费尔德. 微观经济学(第6版)[M]. 北京：中国人民大学出版社，2006.

[67] 秦颖. 论公共产品的本质[J]. 经济学家，2006，3：77—82.

[68] 齐珊. 读科斯《社会成本问题》一文的几点思考[J]. 学理论，2011，1：101—102.

[69] 任小波，曲建生，张志强. 气候变化影响及其适应的经济学评估：英国"斯特恩报告"关键内容解读[J]. 地球科学进展，2007，22：754—759.

[70] 沈满洪，何灵巧. 外部性的分类及外部性理论的演化[J]. 浙江大学学报(人文社科版)，2002，01：152—160.

[71] 沈宗灵，张文显. 法理学(第2版)[M]. 北京：高等教育出版社，2004：394—398.

[72] 任力. 国外发展低碳经济的政策及启示[J]. 发展研究. 2009. 2.

[73]（南）斯韦托扎尔·平乔维奇著，蒋琳琦译. 产权经济学：一种关于比较体制的理论[M]. 北京：经济科学出版社，1999.

[74] 孙立刚. 资源、产权和农民问题[J]. 农业经济问题，2001，(12)：11—14.

[75] 孙连杰. 会计信息的产权问题分析[J]. 黑龙江对外经贸，2006，8：117—118.

[76] 谭静婧. 我国森林碳汇资源所有权制度初探[D]. 北京：中国政法大学，2011：31.

[77] 唐雯. 论产权范畴的法学界定[J]. 时代金融，2012，12：176—177.

[78] 田国强. 经济机制理论：信息效率与激励机制设计[J]. 经济学(季刊)，2003，2(2)：271—308.

[79] 汪丁丁. 产权博弈[J]. 经济研究，1996，10：70—80.

[80] 汪普庆，周德翼. 我国食品安全监管体制改革：一种产权经济学视角的分析[J]. 生态经济，2006，6：98—101.

[81] 王淑芳. 碳税对我国的影响及其政策响应[J]. 生态经济，2005，(10).

[82] 王效科，冯宗炜，欧阳志云. 中国森林生态系统的植物碳储量和碳密度研究[J]. 应用生态学报，2001，12(1)：13—16.

[83] 魏华. 林权概念的界定：《森林法》抑或《物权法》的视角[J]. 福建农林大学学报(哲学社会科学版)，2011，(01)：68—72.

[84] 温作民. 森林生态资源配置中的市场失灵及其对策[J]. 林业科学，1999，35：110—114.

[85] 吴建，马中. 科斯定理对排污权交易政策的理论贡献[J]. 厦门大学学报(哲学社会科学版)，2004，(3)：21—25.

[86] 吴建国，张小全，徐德应. 土地利用变化对生态系统碳汇功能影响的综合评价[J]. 中国工程科学，2003，5(9)：65—71.

[87] 武曙红，张小全，宋维明. 国际自愿碳汇市场的补偿标准[J]. 林业科学，2009，3(3)：134—139.

[88] 吴宣恭. 产权、价值与分配的关系[J]. 当代经济研究，2002，(2)：17—22.

[89] 吴宣恭. 产权理论比较：马克思主义与西方现代产权学派[M]. 北京：经济科学出版社，2000，9：69.

[90] 郗婷婷，李顺龙. 黑龙江省森林碳汇潜力分析[J]. 林业经济问题，2006，26（6）：519—522.

[91] 夏文武. 公共物品市场化研究：以绍兴市基础设施市场化建设为例[J]. 企业经济，2011，9：140—143.

[92] 肖艳，李晓雪. 我国森林碳汇市场培育的路径选择[J]. 世界林业研究，2012，01：55—59.

[93] 徐嵩龄. 产权化是环境管理网链中的重要环节，但不是万能的，自发的，独立的：简评《从相克到相生：经济与环保共生策略》[J]. 河北经贸大学学报，1999，（2）：28—31.

[94] 杨传喜，张俊飚，徐顽强. 农业科技资源产权的界定、分解及优化[J]. 华中农业大学学报(社会科学版)，2013(2)：19—23.

[95] 杨莉菲，郝春旭，温亚利. 基于相关利益者分析的太白山生态旅游冲突研究. 工程和商业管理国际学术会议，中国湖北武汉，2011.

[96] 姚如青，朱明芬. 产权的模糊和制度的效率：基于1010份样本农户宅基地产权认知的问卷调查[J]. 浙江学刊，2013(4)：158—163.

[97] 姚顺波. 产权残缺的非公有制林业[J]. 农业经济问题，2003，6：29—33.

[98] 应益荣，穆蕊. 产权博弈[J]. 上海国资，2004，5：43—44.

[99] 于鸿君. 产权与产权的起源 – 马克思主义产权理论与西方产权理论比较研究[J]. 马克思主义研究，1996，6，57—80.

[100] 原毅军，贾媛媛. 技术进步、产业结构变动与污染减排：基于环境投入产出模型的研究[J]. 工业技术经济，2014(2)：41—49.

[101] 约翰·伊特韦尔，默里·米尔盖特，彼得·纽曼编. 新帕尔格雷夫经济学大辞典[M]. 北京：经济科学出版社，1996.

[102] 云淑萍. 公平与效率的权衡：论农村土地承包经营制度的完善[J]. 内蒙古师范大学学报(哲学社会科学版)，2007，36：128—131.

[103] 张光先. 对我国社会保障管理体制公共领域的思考[J]. 十堰职业技术学院学报，2011，24（1）：32—35.

[104] 张晖明. 产权与产权制度、产权改革、产权市场刍议[J]. 复旦学报(社会科学版)，1994，6：2—6.

[105] 张俊鸿. 财产的制度效率和产权分配[J]. 唐都学刊，1998，14：7—10.

[106] 张志新，李亚. 征收碳税对中国经济增长与行业发展的影响[J]. 中南财经政法大学学报，2011，6：44—49.

[107] 张维迎. 博弈论与信息经济学[M]. 上海：上海三联书店，2004：2.

[108] 张维迎，马捷. 恶性竞争的产权基础[J]. 经济研究，1999，6：11—20.

[109] 张晓静，曾以禹. 构建我国林业碳汇交易市场管理机制几点思考[J]. 林业经济，

2012，8：66—71.

[110] 张颖. 关于中国海洋资源产权界定的探讨[J]. 经济研究导刊. 2013，17：265—266.

[111] 张颖. 森林碳汇核算及其市场化[M]. 北京：中国环境出版社，2013：46.

[112] 张颖，吴丽莉，苏帆，等. 森林碳汇研究与碳汇经济[J]. 中国人口资源与环境，2010，20(3)：288—291.

[113] 赵亚骎，王化雨. 林业碳汇产权归属浅析[J]. 价值工程，2011，19：293—295.

[114] 郑康杰. 论产权分配时福利衡量标准问题[J]. 时代金融，2011，9：207—208.

[115] 郑海鹰，金笙. 北京市森林碳汇市场构建研究[J]. 经济研究导论，2012，09：125—128.

[116] 中创碳投. 中国碳市场2014年度报告[R]. 北京中创碳投科技有限公司，2015.

[117] 周雪光. "关系产权"：产权制度的一个社会学解释[J]. 社会学研究，2005，2.

[118] 朱广芹，韩浩. 基于区域碳汇交易的森林生态效益补偿模式[J]. 东北林业大学学报，2010，10(10)：109—111.

[119] 朱涛，尹奇，鲍海君等. 基于巴泽尔理论的农地产权分析框架及其应用[J]. 资源与产业，2011，13：129—133.

[120] 朱珠. 基于公共地悲剧视角下公共资源产权界定对策研究[J]. 理论经济学，2013，4：84—85.

[121] Agrawal. A, Chhatre. A. , Hardin. R. Changing Governance of the World's Forests[J]. Science, 2008, Vol. 320, : 1460—1462.

[122] Allie Goldstein, Gloria Gonzalez. Turning over a New Leaf: State of the Forest Carbon Markets 2014[R]. Forest Trends' Ecosystem Marketplace, 2014, 11.

[123] Axel. M. , Frank. J. Transaction costs, institutional rigidities and the size of the clean development mechanism[J]. Energy Policy, 2005, 33:511—523.

[124] Asquith, N. M. , Vargas, M. T. , Wunder, S. Selling two environmental serices: inkind payments for bird habitat and watershed protection in Los Negros, Bolivia[J]. Ecological Economics, 2008, 65(4): 675—684.

[125] Australian Greenhouse Office. Planning Forest Sink Projects: A Guide to Carbon Pooling and Investment Structures[R]. Australian Greenhouse Office, 2005.

[126] Beymer - Farris, B. A. , Bassett, T. J. The REDD menace: resurgent protectionism in Tanzania's mangrove forests[J]. Global Environmental Change, 2012, 22(2):332—341.

[127] British Columbia Government. Protocol for the Creation of Forest Carbon Offsets in British Columbia Version 1. 0[R]. Canada, 2011: 31.

[128] Chhartre, A. , Agrawal, A. Trade - offs and Synergies Between Carbon Storage and Livelihood Benefits from Forest Commons[J]. Proceeding National Academy Science, 2009, 106(42): 17667—17670.

[129] Cacho, O. J. , Marshall, G. R. , Milne, M. Transaction and abatement costs of carbon sink pro-

jects in developing countries[J]. . Environment and Development Economics, 10(5):597—614.

[130] Coarse, R. H. The Problem of Social Cost[J]. Journal of Law and Economics, Vol. 3 (Oct. , 1960):1—44.

[131] Conveyancing Act 1919, Division 4, 87A.

[132] Corbera. Esteve, Estrada. Manuel, May. Peter et al. Rights to Land, Forest and Carbon in REDD + : Insights from Mexico, Brazil and Costa Rica[J]. Forests, 2011,2,301—342.

[133] Crippa,L. A, Gordon,G. International Law Principles for REDD + : the Rights of Indigenous Peoples and the Legal Obligations of REDD + Actors[R]. Indian Law Resource Center, Washington DC, 2012.

[134] Demsetz. Harold. Towards a Theory of Property Rights[J]. The American Economic Review, 1967,57,347—359.

[135] Department of Climate Change, Australia. Carbon Pollution Reduction Scheme Green Paper [R]. 2008.

[136] Eirik G. Furubotn, Svetozar Pejovich. Property Rights and Economic Theory: A Survey of Recent Literature[J]. Journal of Economic Literature, 1972, Vol. 10:1137—1162.

[137] Fisher. I. Elementary Principles of Economics[M]. New York: Macmillan, 1923,p27.

[138] Fred S. McChesney. Coase, Demsetz, and the Unending Externality Debate[J]. Cato Journal, 2006, Vol. 26:179—200.

[139] Forest Carbon Partnership Facility (FCPF). Readiness Preparation Proposal (R – PP) for Cambodia[R]. FCPF,2010,12.

[140] Forest Carbon Partnership Facility (FCPF). Readiness Preparation Proposal (R – PP) for Chile[R]. FCPF,2013,2.

[141] Forest Carbon Partnership Facility (FCPF). Readiness Preparation Proposal (R – PP) for Thailand[R]. FCPF,2013,2.

[142] Forestry's obligations: Deforestation and offsetting [EB/OL]. Ministry for the Environment New Zealand, 2012 – 4 – 19[2013 – 12 – 10]. http://www. climatechange. govt. nz/emissions – trading – scheme/participating/forestry/obligations/.

[143] Gong Yazhen, Gary Bull, Kathy Baylis. Participation in the world's first clean development mechanism forest project: the role of property rights, social capital and contractual rules[J]. Ecological Economics, 2010,69:1292—1302.

[144] Greenhouse Gas Benchmark Rule (Carbon Sequestration) No. 5 of 2003:7.

[145] GREENHOUSE GAS REDUCTION TARGETS ACT[EB/OL]. Queen's Printer, Victoria, British Columbia, Canada, 2013 – 12 – 11[2013 – 12 – 10]. http://www. bclaws. ca/EPLibraries/bclaws_new/document/ID/freeside/00_07042_01.

[146] Harold Demsetz. Toward A Theory Of Property Rights[J]. American Economic Review,

1967,(2): 347—356.

[147] Harold Demsetz. Toward a Theory of Property Rights II: The Competition between Private and Collective Ownership[J]. Journal of legal Studies, 2002,31(2): 653—752.

[148] Hart. Oliver. Firms, Contracts, and Financial Structure[M]. New York: Clarendon Press, 1995:5—6.

[149] Haupt,F. , Von Lupke,H. Obstacles and opportunities for afforestation and reforestation projects under the Clean Development Mechanism of the Kyoto Protocol[R]. FAO Advisory Committee on Paper and Wood Products, 2007.

[150] Herzog, H. , Caldeira, K. , Reilly, J. An Issue of permanence: assessing the effectiveness of temporary carbon storage[J]. Climate change, 2003, 59(3):293—310.

[151] IPCC. IPCC WGI Fifth Assessment Report[R]. IPCC, 2013:19.

[152] Jon D. Unruh. Carbon sequestration in Africa: the land tenure problem[J]. Global Environmental Change, 2008,18: 700—707.

[153] Keith Duffy. Soil Carbon Offsets and the Problem of Land Tenure: Constructing Effective Cap & Trade Legislation[J]. Drake Journal of Agricultural Law, Summer 2010:309.

[154] Mahanty. Sango, Dressler. Wolfram, Milne. Saran et al. Unravelling property relations around forest carbon[J]. Singapore Journal of Tropical Geography, 2013,34:188—205.

[155] Marino,E. , Ribot,J. Special issue introduction: adding insult to injury: climate change and the inequities of climate intervention [J]. Global Environmental Change, 2012, 22(2): 323—328.

[156] Ministry of Energy and Utilities of Australia. Greenhouse Gas Benchmark Rule (Carbon Sequestration) No. 5 of 2003[R]. Australia, 2003: 2.

[157] Molly Peters – Stanley, Gloria Gonzalez, Daphne Yin et al. Covering New Ground State of the Forest Carbon Markets 2013[R]. Forest Trends' Ecosystem Marketplace, 2013.

[158] Munos – Pina. Carlos, Guevara. Alejandro, Torres. M. J, et al. Paying for the hydrological services of Mexico's forests: Analysis, negotiations and results[J]. Ecological Economics, 2008,65,725—736.

[159] Nelson, Phillip. Information and Consumer Behavior[J]. Journal of Political Economy, 1970, Vol.78:311—329.

[160] New South Wales Government. Electricity Supply Amendment(Greenhouse Gas Emission Reduction) Act 2002 No 122[R]. 2002:4.

[161] Pacific Carbon Trust. Guidance Document to the BC Emission Offsets Regulation v2.0[R]. Pacific Carbon Trust,2010,27—28.

[162] Palmer. C. Property rights and liability for deforestation under REDD +: Implications for 'permanence' in policy design[J]. Ecological Economics, 2011,70:571—576.

[163] Natasha Landell – Mills. Developing markets for forest environmental services: an opportunity

for promoting equity while securing efficiency[J]. Phil. Trans. Royal Society, 2002,360: 1817—1825.

[164] Porter – Bolland, L., Ellis, E. A., Guariguata, M. R., et al. Community Managed Forests and Forest Protected Areas: An Assessment of their Conservation Effectiveness across the Tropics[J]. Forest Ecology & management, 2011, 268:6—17.

[165] Saunders. L. S., Robin Hanbury – Tenison and Ian R. Swingland. Social capital from carbon property: creating equity for indigenous people[G]. Phil. Trans. Royal Science. London, A, 2002, 360:1763—1775.

[166] Sikor, T., Stahl, J., Enters, T., et al. REDD – Plus, forest people's rights and nested climate governance[J]. Global Environmental Change, 2010, 20(3):423—425.

[167] Skutch, M., McCall, M. K. The role of community forest management in REDD +[J]. Unasylva 239, 2012, 63:51—56.

[168] Stern, E. The economics of climate change[J]. American Economic Review, 2008, 98(2): 1—37.

[169] Stigler, G. The Economics of Information[J]. The Journal of Political Economy, Vol. 69, 1961,6: 213—225.

[170] UNFCCC. The Cancun Agreements: Outcome of the work of the AdHoc Working Group on Further Commitments for Annex I Parties under the Kyoto Protocol at its fifteenth session[R]. UNFCCC, 2010.

[171] Van Kooten, G. C., Shaikh, S. L., Suchanek, P. Mitigating climate change by planting trees: the transaction costs trap[J]. Land Economics, 2002,78(4):559—572.

[172] Voluntary participation for forestry: Earning NZUs[EB/OL]. Ministry for the Environment New Zealand,2012 – 8 – 2[2013 – 12 – 10]. http://www. climatechange. govt. nz/emissions – trading – scheme/participating/forestry/voluntary – participation. html.